U0128928

21世纪高等学校规划教材 | 计算机应用

Visual Basic
程序设计教程

李　杰 主编
刘慧君　王欣如　龙小保　陈莉 编著

清华大学出版社
北京

内 容 简 介

本书循序渐进、深入浅出地介绍了 Visual Basic 程序设计的基础知识、面向对象编程的基本概念以及 Visual Basic 面向对象可视化程序设计的方法和开发技术,其主要内容包括:Visual Basic 的开发环境、对象和事件驱动的概念、运算符和表达式、数据输入输出、常用标准控件、基本控制结构、数组和记录、过程调用、菜单程序设计、对话框程序设计、多窗体程序设计、多文档界面(MDI)、文件处理、数据库应用基础方面的内容等。每章都附有习题和上机实验,以便于读者思考和练习所学知识,进一步培养读者的实际编程能力。

本书可作为各类高等院校计算机专业和非计算机专业学生学习 Visual Basic 程序设计的教材,也可以作为计算机技术的培训教材或者全国计算机等级考试(Visual Basic)的考试用书。

图书在版编目(CIP)数据

Visual Basic 程序设计教程/李杰主编. —北京:清华大学出版社,2011.2
(21 世纪高等学校规划教材·计算机应用)
ISBN 978-7-302-24308-3

Ⅰ. ①V… Ⅱ. ①李… Ⅲ. ①BASIC 语言－程序设计－教材 Ⅳ. ①TP312

中国版本图书馆 CIP 数据核字(2010)第 252771 号

责任编辑:魏江江 薛 阳
责任校对:李建庄
责任印制:何 芊

出版发行:清华大学出版社   地   址:北京清华大学学研大厦 A 座
          http://www.tup.com.cn   邮   编:100084
     社   总   机:010-62770175   邮   购:010-62786544
     投稿与读者服务:010-62795954,jsjjc@tup.tsinghua.edu.cn
     质 量 反 馈:010-62772015,zhiliang@tup.tsinghua.edu.cn
印 装 者:北京艺辉印刷有限公司
经   销:全国新华书店
开   本:185×260 印 张:15.25 字 数:375 千字
版   次:2011 年 2 月第 1 版   印 次:2011 年 11 月第 2 次印刷
印   数:3001～6000
定   价:26.00 元

产品编号:035976-01

编审委员会成员

（按地区排序）

浙江大学	吴朝晖	教授
	李善平	教授
扬州大学	李　云	教授
南京大学	骆　斌	教授
	黄　强	副教授
南京航空航天大学	黄志球	教授
	秦小麟	教授
南京理工大学	张功萱	教授
南京邮电学院	朱秀昌	教授
苏州大学	王宜怀	教授
	陈建明	副教授
江苏大学	鲍可进	教授
中国矿业大学	张　艳	副教授
武汉大学	何炎祥	教授
华中科技大学	刘乐善	教授
中南财经政法大学	刘腾红	教授
华中师范大学	叶俊民	教授
	郑世珏	教授
	陈　利	教授
江汉大学	颜　彬	教授
国防科技大学	赵克佳	教授
	邹北骥	教授
中南大学	刘卫国	教授
湖南大学	林亚平	教授
西安交通大学	沈钧毅	教授
	齐　勇	教授
长安大学	巨永锋	教授
哈尔滨工业大学	郭茂祖	教授
吉林大学	徐一平	教授
	毕　强	教授
山东大学	孟祥旭	教授
	郝兴伟	教授
中山大学	潘小轰	教授
厦门大学	冯少荣	教授
仰恩大学	张思民	教授
云南大学	刘惟一	教授
电子科技大学	刘乃琦	教授
	罗　蕾	教授
成都理工大学	蔡　淮	教授
	于　春	讲师
西南交通大学	曾华燊	教授

出 版 说 明

随着我国改革开放的进一步深化,高等教育也得到了快速发展,各地高校紧密结合地方经济建设发展需要,科学运用市场调节机制,加大了使用信息科学等现代科学技术提升、改造传统学科专业的投入力度,通过教育改革合理调整和配置了教育资源,优化了传统学科专业,积极为地方经济建设输送人才,为我国经济社会的快速、健康和可持续发展以及高等教育自身的改革发展做出了巨大贡献。但是,高等教育质量还需要进一步提高以适应经济社会发展的需要,不少高校的专业设置和结构不尽合理,教师队伍整体素质亟待提高,人才培养模式、教学内容和方法需要进一步转变,学生的实践能力和创新精神亟待加强。

教育部一直十分重视高等教育质量工作。2007 年 1 月,教育部下发了《关于实施高等学校本科教学质量与教学改革工程的意见》,计划实施"高等学校本科教学质量与教学改革工程"(简称"质量工程"),通过专业结构调整、课程教材建设、实践教学改革、教学团队建设等多项内容,进一步深化高等学校教学改革,提高人才培养的能力和水平,更好地满足经济社会发展对高素质人才的需要。在贯彻和落实教育部"质量工程"的过程中,各地高校发挥师资力量强、办学经验丰富、教学资源充裕等优势,对其特色专业及特色课程(群)加以规划、整理和总结,更新教学内容、改革课程体系,建设了一大批内容新、体系新、方法新、手段新的特色课程。在此基础上,经教育部相关教学指导委员会专家的指导和建议,清华大学出版社在多个领域精选各高校的特色课程,分别规划出版系列教材,以配合"质量工程"的实施,满足各高校教学质量和教学改革的需要。

为了深入贯彻落实教育部《关于加强高等学校本科教学工作,提高教学质量的若干意见》精神,紧密配合教育部已经启动的"高等学校教学质量与教学改革工程精品课程建设工作",在有关专家、教授的倡议和有关部门的大力支持下,我们组织并成立了"清华大学出版社教材编审委员会"(以下简称"编委会"),旨在配合教育部制定精品课程教材的出版规划,讨论并实施精品课程教材的编写与出版工作。"编委会"成员皆来自全国各类高等学校教学与科研第一线的骨干教师,其中许多教师为各校相关院、系主管教学的院长或系主任。

按照教育部的要求,"编委会"一致认为,精品课程的建设工作从开始就要坚持高标准、严要求,处于一个比较高的起点上。精品课程教材应该能够反映各高校教学改革与课程建设的需要,要有特色风格、有创新性(新体系、新内容、新手段、新思路,教材的内容体系有较高的科学创新、技术创新和理念创新的含量)、先进性(对原有的学科体系有实质性的改革和发展,顺应并符合 21 世纪教学发展的规律,代表并引领课程发展的趋势和方向)、示范性(教材所体现的课程体系具有较广泛的辐射性和示范性)和一定的前瞻性。教材由个人申报或各校推荐(通过所在高校的"编委会"成员推荐),经"编委会"认真评审,最后由清华大学出版社审定出版。

目前,针对计算机类和电子信息类相关专业成立了两个"编委会",即"清华大学出版社计算机教材编审委员会"和"清华大学出版社电子信息教材编审委员会"。推出的特色精品教材包括:

(1) 21世纪高等学校规划教材·计算机应用——高等学校各类专业,特别是非计算机专业的计算机应用类教材。

(2) 21世纪高等学校规划教材·计算机科学与技术——高等学校计算机相关专业的教材。

(3) 21世纪高等学校规划教材·电子信息——高等学校电子信息相关专业的教材。

(4) 21世纪高等学校规划教材·软件工程——高等学校软件工程相关专业的教材。

(5) 21世纪高等学校规划教材·信息管理与信息系统。

(6) 21世纪高等学校规划教材·财经管理与计算机应用。

(7) 21世纪高等学校规划教材·电子商务。

清华大学出版社经过二十多年的努力,在教材尤其是计算机和电子信息类专业教材出版方面树立了权威品牌,为我国的高等教育事业做出了重要贡献。清华版教材形成了技术准确、内容严谨的独特风格,这种风格将延续并反映在特色精品教材的建设中。

清华大学出版社教材编审委员会
联系人: 魏江江
E-mail: weijj@tup. tsinghua. edu. cn

前　言

　　根据教育部高等学校文科计算机基础教学指导委员会制订的《高等学校文科类专业大学计算机教学基本要求》(第 5 版—2008 年版)(以下简称"基本要求"),特别针对计算机基础类课程实践性强的特点,结合当前大学生的个性差异、学习需求、专业培养要求、应用需求、就业导向以及计算机技术的发展等主要因素,计算机基础教学应充分体现"以人为本,服务学生"的教育理念,以提高学生计算机应用能力为最终目标,促进学生的自主学习、研究性学习和交流,提高计算机教学的质量和水平。

　　本书系"教育部高等学校文科计算机基础教学指导委员会立项教材(2009 年度)",针对初学者的特点,在内容编排、叙述表达、习题选择等方面做了大量工作,体现了由简到繁、循序渐进以及理论与实践相结合的特点。

　　本书深入浅出地介绍面向对象的程序设计方法,着重介绍程序设计的基本知识、基本语法、编程方法,结合大量的应用实例,让学生学会分析问题、掌握简单问题编程的能力。

　　全书共 10 章,第 1 章主要介绍了 Visual Basic(VB)的特点、集成开发环境以及 VB 开发程序的基本过程和方法。第 2 章介绍了面向对象的程序设计技术概述、对象的概念、属性、方法和事件、程序结构及事件驱动编程机制、窗体与常用控件及其应用。第 3 章介绍了字符集及编码、基本数据类型、变量和常量、运算符和表达式、内部函数等语法成分的使用。第 4 章介绍了顺序结构、选择结构和循环结构,常用算法的应用。第 5 章介绍了 VB 常用控件的属性及其功能应用、各种常用控件的常用事件及其触发的条件,各种常用控件的常用方法。第 6 章介绍了数组的概念、特点、应用和数组应用的常用方法。第 7 章介绍了过程的定义及其应用、过程参数传递、过程的嵌套和递归调用以及变量的作用范围和生存期等。第 8 章介绍了文件的基本概念、顺序文件和随机文件以及二进制文件的读写方法、目录及文件操作、常用函数等。第 9 章介绍了用户界面设计的控件工具、方法及其应用,工程结构应用程序的组成及菜单、工具栏、对话框、多重窗体程序等的设计方法。第 10 章介绍了数据库的基础知识,数据库的创建及基本操作,数据库的访问方法、Data 控件和 ADO 控件的使用方法。

　　本书突出应用与实用,注意实践,通过精心设计编排的实例,对所讲述的原理、概念加以辅助说明,以提高学生对编程的基本原理、方法的掌握和理解,使教材具有较强的可读性和实用性。

　　本书由李杰担任主编。各章编写分工为:第 1、6、7 章由刘慧君编写,第 2 章由陈莉编写,第 3、4 章由王欣如编写,第 5、9 章由龙小保编写。第 8、10 章由李杰编写。

　　本书的组织、编写、出版得到了教育部高等学校文科计算机基础教学指导委员会、重庆大学教务处、清华大学出版社以及重庆大学计算机学院基础教学系的大力支持,在此表示感谢。

　　由于编者水平所限,书中难免存在疏漏和不妥之处,敬请读者批评指正。

编　者

2010 年 9 月

目 录

第 1 章

概述

1.1 VB 语言简介

Microsoft Visual Basic(以下简称 VB)是 Microsoft 公司推出的一款面向对象的程序设计语言,它是当今世界上使用最广泛的编程语言之一,也被公认为是编程效率最高的一种编程方法。无论是开发功能强大、性能可靠的商务软件,还是编写能处理实际问题的实用小程序,VB 都是最快速、最简便的方法。

VB 采用可视化的开发图形用户界面(Graphical User Interface,GUI)的方法进行界面的设计,在 GUI 中,用户一般不需要编写大量代码去描述界面元素的外观和位置,而只要把需要的控件拖放到屏幕上的相应位置即可。以结构化的 BASIC 为语言基础,VB 是在原有的 BASIC 语言的基础上发展起来的,至今包含了数百条语句、函数及关键词,其中很多和 Windows GUI 有直接关系。专业人员可以用 VB 实现其他任何 Windows 编程语言的功能,而初学者只要掌握几个关键词就可以建立实用的应用程序。

VB 提供了学习版、专业版和企业版,用以满足不同的开发需要。学习版使编程人员很容易地开发 Windows 和 Windows NT 的应用程序;专业版为专业编程人员提供了功能完备的开发工具;企业版允许专业人员以小组的形式来创建强健的分布式应用程序。

1.2 VB 的特点

1. 面向对象的程序设计

VB 是应用面向对象的程序设计方法(Object Oriented Programming,OOP),把程序和数据封装起来作为一个对象,并为每个对象赋予应有的属性,使对象成为实在的东西。在设计对象时,不必编写建立和描述每个对象的程序代码,而是用工具画在界面上,VB 自动生成对象的程序代码并封装起来。每个对象以图形方式显示在界面上,都是可视的。

2. 结构化程序设计语言

VB 是在 BASIC 语言的基础上发展起来的,具有高级程序设计语言的语句结构,接近于自然语言和人类的逻辑思维方式。VB 语句简单易懂,其编辑器支持彩色代码,可自动进行语法错误检查,同时具有功能强大且使用灵活的调试器和编译器。

VB 是解释型语言,在输入代码的同时,解释系统将高级语言分解翻译成计算机可以识别的机器指令,并判断每个语句的语法错误。在设计 VB 程序的过程中,随时可以运行程序,而在整个程序设计好之后,可以编译生成可执行文件(.exe),脱离 VB 环境,直接在 Windows 环境下运行。

3. 事件驱动编程机制

VB 通过事件来执行对象的操作。一个对象可能会产生多个事件,每个事件都可以通过一段程序来响应。例如,命令按钮是一个对象,当用户单击该按钮时,将产生一个"单击"(Click)事件,而在产生该事件时将执行一段程序,用来实现指定的操作。

在用 VB 设计大型应用软件时,不必建立具有明显开始和结束的程序,而是编写若干个微小的子程序,即过程。这些过程分别面向不同的对象,由用户操作引发某个事件来驱动完成某种特定的功能,或者由事件驱动程序调用通用过程来执行指定的操作,这样可以方便编程人员,提高效率。

4. 强大的数据库功能

VB 具有强大的数据库管理功能,利用数据控件和数据库管理窗口,可以直接建立或处理 Microsoft Access 格式的数据库,并提供了强大的数据存储和检索功能。VB 提供开放式数据连接,即 ODBC 功能,可通过直接访问或以建立连接的方式使用并操作后台大型网络数据库,如 SQL Server 和 Oracle 等。在应用程序中,可以使用结构化查询语言 SQL 数据标准,直接访问服务器上的数据库,并提供了简单的面向对象的库操作指令和多用户数据库访问的加锁机制和网络数据库的 SQL 的编程技术,为单机上运行的数据库提供了 SQL 网络接口,以便在分布式环境中快速而有效地实现客户/服务器(Client/Server)方案。

5. 动态数据交换

利用动态数据交换(Dynamic Data Exchange,DDE)技术,可以把一种应用程序中的数据动态地链接到另一种应用程序中,使两种完全不同的应用程序建立起一条动态数据链路。当原始数据变化时,可以自动更新链接的数据。VB 提供了动态数据交换的编程技术,可以在应用程序中与其他 Windows 应用程序建立动态数据交换,在不同的应用程序之间进行通信。

6. 强大的多媒体功能

利用对象的链接与嵌入(Object Linking and Embedding,OLE)技术,可以将各种基于 Windows 的应用程序嵌入到 VB 应用程序中,从而可以实现声音、影像、图像、动画、文字等多媒体功能。

7. 动态链接库(DLL)

VB 是一种高级程序设计语言,不具备低级语言的功能,对访问机器硬件的操作不太容易实现。但它可以通过动态链接库(Dynamic Link Library)技术将 C/C++或汇编语言编写的程序加入到 VB 应用程序中,可以像调用内部函数一样调用其他语言编写的函数。此外,通过动态链接库,还可以调用 Windows 应用程序接口(API)函数,实现 SDK 所具有的功能。

1.3 VB 集成开发环境

在这一节中,我们将介绍 VB 集成开发环境,逐步介绍标题栏、菜单栏、工具栏、控件箱、窗体设计器窗口、工程资源管理窗口、属性设置窗口、代码设计窗口和窗体布局窗口等。

1.3.1 标题栏

标题栏位于窗口的最上面,用来显示集成开发环境所处的工作模式。例如图 1.1 显示的"工程 1-Microsoft Visual Basic[运行]",说明集成开发环境处于运行模式。VB 中有以下 3 种工作模式。

- 设计模式:处于用户界面设计以及代码编写阶段。
- 运行模式:应用程序正在运行当中。
- 中断模式:程序运行暂时中断,这时可以编辑代码,但是不能编辑界面。

工程 1 - Microsoft Visual Basic [运行]

图 1.1 Visual Basic 标题栏

1.3.2 菜单栏

VB 集成开发环境的菜单栏包含了程序设计中常用的"文件"、"编辑"、"视图"、"窗口"等 13 个下拉菜单,如图 1.2 所示。

工程 1 - Microsoft Visual Basic [设计]
文件(F) 编辑(E) 视图(V) 工程(P) 格式(O) 调试(D) 运行(R) 查询(U) 图表(I) 工具(T) 外接程序(A) 窗口(W) 帮助(H)

图 1.2 VB 集成开发环境的菜单栏

1. 文件

包含"创建"、"打开"、"保存工程"、"显示最近使用的工程"以及"生成可执行文件"等。

2. 编辑

包含程序代码编辑的相关命令。

3. 视图

包含显示和隐藏 IDE 元素的命令。

4. 工程

包含对工程进行管理的相关命令。

5. 格式

包含对齐窗体控件的命令。

6. 调试

包含程序调试的命令,用于程序的调试和查错。

7. 运行

包含程序启动、设置中断点和停止程序运行的命令。

8. 查询

包含操作数据库表的命令。

9. 图表

包含操作工程时的图表处理命令。

10. 工具

包含在设计工程时的一些工具命令。

11. 外接程序

用于为工程增加和删除外接程序。

12. 窗口

包含窗口布局的命令。

13. 帮助

帮助用户学习 VB 的有关帮助信息。

1.3.3 工具栏

工具栏提供常用命令的快速访问,如图 1.3 所示,要显示或者隐藏工具栏,可以选择"视图"菜单栏中的"工具栏"命令或者在标准工具栏处右击进行工具栏的选取,同时还可以选择"视图"菜单栏中的"工具栏"的自定义选项来配置工具栏的相关内容。

标准工具栏   编辑工具栏   调试工具栏   窗体编辑器

图 1.3　工具栏

1.3.4 控件箱

控件箱包含了 VB 程序设计时常用的 21 个控件,如图 1.4 所示。利用这些控件,用户可以在窗体中设计各种控件。用户也可以通过"工程"中的"部件"命令将不在控件箱中的其他控件添加到控件箱中。

图 1.4 控件箱

1.3.5 工程资源管理器

工程资源管理器窗口如图 1.5 所示。它用来管理当前工程中使用的窗体和模块,它是工程文件的集合。

在工程资源管理器窗口有以下 3 个按钮:

"查看代码"按钮:用来查看与当前选定的对象相关的程序代码。

"查看对象"按钮:切换到窗体设计窗口,显示和编辑对象。

"切换文件夹"按钮:切换文件夹的显示方式。

图 1.5 工程资源管理器窗口

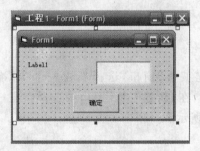

图 1.6 窗体设计器窗口

1.3.6 窗体设计器窗口

窗体设计器窗口用来设计应用程序的界面,用户可以根据应用程序需要在窗体中添加控件以设计出所希望的界面,如图 1.6 所示,在 Form1 窗体中添加了按钮控件、标签控件和文本框控件。

图 1.7 属性设置窗口

1.3.7 属性设置窗口

根据面向对象的概念,对象是由一组属性来描述其特征的,如颜色、字体、大小等,用来设置所选定的窗体或者控件等对象的属性的窗口称为属性设置窗口,如图 1.7 所示。

1.3.8　代码设计窗口

代码设计窗口是用来进行程序代码设计的窗口,双击窗体或者窗体中的对象,或者单击"工程资源管理器"窗口中的"查看代码"按钮,都可以打开代码设计窗口,如图1.8所示。

VB中除了上述几种常用的窗口外,还有窗体布局窗口、"立即"窗口、对象浏览和"监视器"窗口等。

图1.8　代码设计窗口

1.4　开发一个 VB 程序的全过程

1.3 节简单介绍了 VB 集成开发环境及各个窗口的作用,下面通过一个简单的应用程序的开发来介绍 VB 开发程序的基本过程和方法。

1.4.1　建立应用程序的步骤

(1) 创建应用程序的界面。
(2) 设置窗体和控件的属性。
(3) 对象事件过程以及编程。
(4) 运行和调试程序。
(5) 生成可执行程序。

1.4.2　简单应用程序实例

这个简单程序的功能是:输入两个数,然后实现加法功能,程序的运行界面如图1.9所示。

1. 创建应用程序的界面

1) 创建窗体

从"文件"菜单中选择"新建工程"命令,弹出"新建工程"窗口,选择新建一个"标准EXE",将会自动创建一个新的窗体。或者在启动 VB 时,在"新建工程"窗口中选择新建一个"标准 EXE",也会自动创建一个新的窗体,如图1.10 所示。

2) 添加控件

该应用程序共需要 8 个控件对象,即 2 个标签(Label)、3 个文本框(TextBox)和 3 个命令按钮(CommandButton)。其中文本框用来输入数据和显示数据;命令按钮用来执行相关操作;标签一般用来显示信息,如本例中用来显示"+"和"="符号。建立好的应用程序界面如图1.11 所示。

2. 设置窗体和控件的属性

窗体和控件建立好后,为了使对象符合应用程序的需要,可以通过"属性"窗口给对象设置相关的属性。

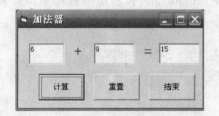

图1.9 运行界面

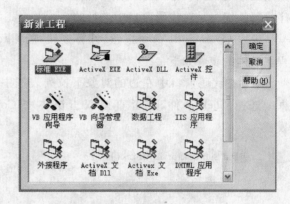

图1.10 新建工程窗口

修改窗体或者控件的属性的方法步骤如下：

（1）在窗体中选择想要修改其属性的组件，或者通过属性设置窗口上方的对象选择器（一个下拉式列表框）来选择想要修改的组件或窗体，例如本例选中Command1按钮。

（2）在属性设置窗口中选择想要修改的属性，在选择的属性的右边输入或选择新的属性值，修改Command1按钮Caption的属性的设置如图1.12所示。本例中各控件对象的相关属性设置参见表1.1。

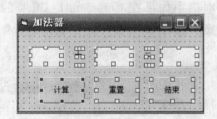

图1.11 程序界面

图1.12 属性设置窗口

表1.1 对象属性设置

控件名（name）	相关属性	控件名（name）	相关属性
Form1	Caption：加法器	Text3	Text：空白
Label1	Caption：＋	Command1	Caption：计算
Label2	Caption：＝	Command2	Caption：重置
Text1	Text：空白	Command3	Caption：
Text2	Text：空白		

3. 对象事件过程以及编程

事件代表了应用程序可以识别的用户的操作，例如按钮的单击操作。而事件过程中的处理程序是一段程序代码,用来负责处理当事件触发时组件应做出的反应。事件过程的程序代码的编写是在代码窗口中进行的。

现以 Command1 命令按钮(计算按钮)的 Click 事件为例,说明事件过程代码的编写过程。具体的步骤如下:

(1) 在代码窗口中左边的对象下拉列表框中选择 Command1,在右边的过程下拉列表框中选择 Click 事件,或者直接双击窗体中 Command1 命令按钮,显示该事件代码的模板:

```
Private Sub Command1_Click()

End Sub
```

(2) 在过程中加入如下代码:

```
Private Sub Command1_Click()
    Text3.Text = Val(Text1.Text) + Val(Text2.Text)      'Val 函数的功能是将括号内的数字字
                                                         '符转换为数值
End Sub
```

采用同样的步骤完成本例其他控件的事件编程,如图 1.13 所示。

4. 运行和调试程序

一个完整的应用程序编写完成后,可以使用工具栏上的"运行"按钮或者按 F5 键来运行程序,在程序执行之前,VB 通常会先检查程序是否存在语法错误,当存在语法错误时,则会显示错误信息,提示用户进行修改,如在本例中如果在 Command1_Click 的事件中把 Text3.Text 写成了 Text3.Tet,运行时将会提示如图 1.14 所示的错误信息。如果程序不存在错误,则执行程序。

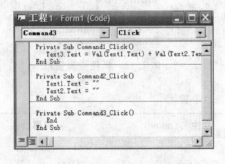

图 1.13　事件编程

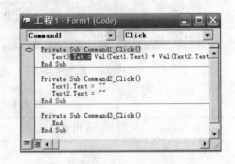

图 1.14　程序运行时错误提示

5. 保存工程和生成可执行程序

使用"文件"菜单中的"保存工程"命令,在打开的"保存"对话框中,输入窗体名"FrmAdd",单击"保存"按钮,在弹出的"工程另存为"对话框中输入工程名"ProAdd.vbp",单击"保存"按钮,完成工程的保存。

如果要脱离 VB 的集成开发环境运行程序,必须生成可执行程序,这可以通过选择"文件"菜单中的"生成 ProAdd.exe"命令来实现。

习题 1

1. 简述 VB 的功能特点。
2. 简述开发一个 VB 程序的过程。

第2章

面向对象的编程基础

本章知识点：面向对象的程序设计技术概述；对象的概念、属性、方法和事件；VB程序结构及事件驱动编程机制；窗体与常用控件及其应用。

2.1 面向对象的程序设计技术概述

2.1.1 面向对象的概念

传统的结构程序设计方法是围绕实现处理功能的"过程"来构造系统，它的本质是功能分解。从目标系统整体功能处理着手，自顶向下把复杂的处理功能逐层分解为子处理（子程序），直到分解为易实现的子处理为止。然而用户需求的变化大部分是针对功能的，这种变化往往造成系统结构的不稳定，只要上层子程序做了简单改动，即可造成底层程序高昂代价的修改。大型软件系统复杂度的不断增加，对软件系统设计方法提出了新的要求。程序设计方法也由面向过程的程序设计发展成为面向对象的程序设计。

面向对象分析和设计由审查世界上的对象开始，如：汽车、猎犬、花等实体（对象），每个对象有特征（快速、聪明、艳丽），大多数对象有行为（行驶、捕猎、枯萎），对象的这些特征和行为（属性）约束着我们对世界的理解。面向对象方法学的基本原则是尽可能模拟人类习惯思维方式，使开发软件的方法与过程尽可能接近人类认识世界解决问题的方法和过程。

面向对象方法所提供的"对象"概念，是让软件开发者自己定义或选取对象，使用对象的观念，抽象出一个个具有数据属性和行为的实体。因此，对象是不固定的。一家公司可以作为一个对象，一张表、一个人、一辆车都可作为对象，到底应该把什么实体作为对象，由所要解决的问题决定。不同的软件系统，面向不同的对象。如 Excel 中 VBA 宏语言面向的对象有：菜单栏、工具栏、Excel 工作簿、窗体、工作表、单元格区域、图形及图表等。

1. 类与对象

现实世界中，具有相同属性和行为的事物往往不止一个，面向对象程序设计技术为了提高软件的可重用性，就用类来抽象定义同类对象。

一个类描述一类事物，描述这些事物所具有的共同特征（属性），它是一个抽象的概念。一个对象是类的一个实例，它具有确定的属性。例如：水果类有颜色、大小、形状等属性，而香蕉、苹果、梨等则是水果类的实例（对象），它们的颜色、大小、形状各不相同。水果类只有一个，水果类的实例可有无数个。

为加深对类与对象的理解，参见图 2.1。即 1 个职工类具有姓名、性别、年龄、职业等共同属性，它属抽象类。无数具有确定属性的职工，如陈红、刘立、李志、杨佳……则是职工类的实例（对象）。

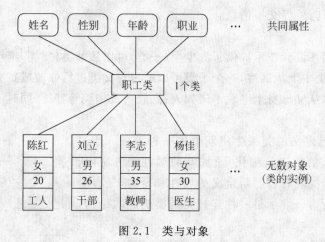

图 2.1　类与对象

2. 对象的三要素

在面向对象的系统中，世界被看成是独立"对象"的集合，每个对象都有描述自己特征的属性、反映其动作的行为（称为方法）以及可能发生的一切活动（称为事件）。如一个人作为对象有身高、体重、肤色等属性；有走路、思考、开车等行为；还有在一定条件下发生的事件，即属性、方法、事件构成一个对象的三要素。

2.1.2　面向对象的程序设计技术

面向对象技术（OOP）是程序设计技术的一次革命，在软件开发史上具有里程碑的意义。面向对象技术是一种以对象为基础，以事件或消息来驱动对象执行处理的程序设计技术。

1. 面向对象技术的基本特征

封装性、继承性和多态性是面向对象程序设计技术的三大特征。封装隐蔽了对象内部的复杂性，减少了程序各模块之间的联系，有利于大型软件的开发、调试和维护；继承使多个对象共享许多相似的特征，实现了软件模块的可重用性和独立性，缩短了开发周期；而多态体现在不同对象收到相同的消息时产生多种不同的行为方式，以实现特性化设计。

1）封装性

封装就是把对象的属性和方法结合成一个不可分割的独立单位。对象的属性值（除公有的属性值）只能由该对象的方法来读取和修改，与外部的联系只能通过外部接口来实现。

封装机制将对象的使用者与设计者分开。使用者不必知道对象的方法实现细节，只需使用对象提供的外部接口。类似人们使用电视机，只要知道几个按钮的用法，并不需要了解其复杂的内部构造原理。设计者可以专注于对象内部的功能设计，避免牵涉更复杂的体系结构。

数据封装和隐藏提供了一种对数据访问严格控制的机制。例如,VB中的类模块是支持数据封装的工具,它将数据和对该数据的操作封装在一起作为类的定义。类是一个完全的整体,在这个整体中,一些成员被有效地屏蔽,以防外界的干扰;另一些成员是公共的,它们作为公共接口可与外界交换信息。

2) 继承性

面向对象的程序设计技术提供了派生类(子类)可以从基类(父类)继承数据和操作的机制,即子类可从父类中继承属性,一个子类可以通过对父类进行修改或扩充来满足子类的要求。正如子女不仅从父母身上继承了诸如人种、肤色及相貌等特征,同时子女还具有一些自己的特征。

继承性是从已定义的类派生出新类的一种手段。通过继承可以对某定义的类进行细化,添加新的属性和方法,从而形成子类。这个类既有自己新定义的属性和行为,又有继承下来的属性和行为。继承是一种连接类与类的层次结构,如图 2.2 所示。

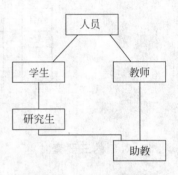

图 2.2 类的继承结构

最顶部的人员类称为基类(父类),从它派生出的学生类和教师类称为派生类(子类);以学生类为基类又派生出研究生子类;助教类是以教师类和研究生类为基类派生出的子类。较深层次项所表现出的属性是由较浅层次项派生出来的,相隔多层的关系仍然有效,如学生是人员,助教也是人员。

继承性机制可以扩充和完善旧的程序设计以适应新的要求,使新程序可以实施所需要的功能扩展而不必修改原来已经存在的代码。这样可以节省开发的时间和资源,提高软件的可重用性。

Windows XP 操作系统可作为继承和可重用的实例,它是从 Windows 2000 操作系统派生出来的,继承了 Windows 2000 的所有功能,并在此基础上增加了新功能。

3) 多态性

多态体现在系统中不同对象对同一消息作出不同的响应行为。即多个对象定义名称相同但完成不同任务的函数,并使用相同的调用方式来调用具有不同功能的同名函数。这种面向对象的特性称为多态性。

例如:利用多态性来处理显示不同类型的数据。父类 DATA 定义了行为 Show(显示数据),派生于同一父类 DATA 的子类:INT(整型)、FLOAT(单精度型)和 STRING(字符串型)既继承了父类的 Show 行为,又各自扩充了新功能。各子类对象接收到相同的 Show 消息后执行其类中同名的 Show 函数(完成不同任务),以显示不同类型的数据,如图 2.3 所示。

多态性使应用程序代码极大地简化了,并扩充了继承的能力。

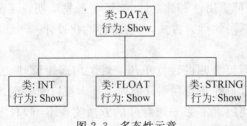

图 2.3 多态性示意

2．面向对象程序的工作原理

面向对象的程序设计是以对象为基础,将软件系统看成通过交互作用来完成任务的对象集合。对象与传统的数据有本质区别,对象是把数据和处理数据的操作"封装"在一起所构成的统一体。对某对象数据的存取访问要通过其外部接口子程序,对象之间仅能通过传递消息动态来实现彼此通信。

对象一旦被定义,就与一组方法联系起来,一个对象的方法是通过消息来激活的。对象参与的交互动作称为事件,通过事件,一个对象可以向另一对象发送消息,接收消息的对象调用相应的方法进行响应。面向对象程序的工作原理如图 2.4 所示。

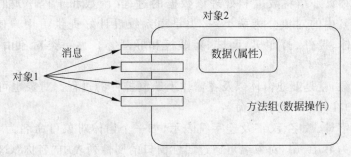

图 2.4　面向对象程序的工作原理

3．面向对象的程序设计方法

面向对象的程序设计方法与人类习惯的思维方式相近。它是基于解决问题的现场业务逻辑,而不是基于固定的程序步骤。面向对象程序设计强调的是数据对象,要建立层次化的对象体系。

面向对象的程序设计方法可以简单地表示为

面向对象＝对象＋类＋继承＋消息通信

由此可见,面向对象的程序设计既使用对象,又使用类和继承机制,并且对象间仅能通过传递消息来实现彼此通信。

例如,C++语言面向对象程序设计的特点如下:

(1) C++支持类与对象的概念:用类的定义把数据和数据操作封装在一起。用 private、protected、public 支持数据封装和灵活的存取控制。用构造子类建立类的实例(对象)。

(2) C++支持类的继承:通过类的继承构造子类(派生类),既可以单一继承,又可以多重继承。

(3) C++支持消息通信:用公共成员函数定义方法,通过成员函数的调用,实现消息传递。

(4) C++支持多态性:通过虚函数支持运行时的多态性。

面向对象程序设计技术将数据与数据操作封装在一起,简化了调用过程,方便了维护。采用面向对象技术进行程序设计具有开发时间短、效率高、可靠性好和程序更稳健等优点。

2.2　VB 中的对象

VB 语言与面向过程的程序设计语言(如 C 语言)的重要区别之一在于它是面向对象的。面向对象的软件系统是由对象组成的,对象是把数据和处理数据的操作封装在一起所构成的统一体,它也是系统中的基本运行实体。

2.2.1　对象的概念

VB 的一个对象是指将数据和处理该数据的过程(函数和子程序)捆绑在一起的一个程序部件。VB 中的对象分为两类,一类是由系统设计好提供给用户使用的,称为预定义对象,如窗体、控件、打印机、调试、剪贴板和屏幕等。另一类对象由用户(程序员)自己建立。

建立一个对象,就是新建窗体以及在窗体上绘制控件的过程。对象也可通过程序来建立,但必须由用户在程序中为对象命名。

对象名可用字母、数字、汉字及连字符表示,如一个窗体对象可命名为 Form1,一个按钮(控件)可命名为 Button1,对象名可通过属性窗口的属性列表中"名称"(Name)选项进行修改。

对象是具有属性(数据)和行为(方法)的实体,建立一个对象后,其操作通过与该对象有关的属性、方法和事件来描述。

2.2.2　对象的属性、方法和事件

1. 对象的属性

属性(Property)是描述对象特征的数据。如气球属性有直径、颜色、状态(充气或未充气)与寿命等,不同对象有不同的属性。VB 对象常见属性有标题(Caption)、控件名称(Name)、颜色(Color)、字体大小(Fontsize)、是否加粗(FondBold)和是否可见(Visible)等。

1) 访问对象的属性

访问对象的属性用"."运算符,语法格式如下:

Object.Property

对象名.属性名称

2) 设置对象的属性值

可以通过修改对象的属性值来改变对象的特征,设置对象的属性值有两种方式:

* 利用"属性"窗口设置对象的属性(操作见 2.4.4 节)。
* 在程序中设置对象的属性(赋值语句)。

其语法格式如下:

[对象名.]属性名 = 属性值

例如,有一用户窗体,对象名为 Form1,设置部分属性值如下:

```
Form1.Width = 5000                    (设置窗体的宽度为 5000)
Form1.Height = 2000                   (设置窗体的高度为 2000)
Form1.Caption = "请输入密码"          (设置窗体的标题)
Form1.FontName = "楷体"               (设置字体名称)
Form1.FontSize = 24                   (设置字号大小)
```

执行语句后,窗体的实际大小取决于 Width 和 Height 属性的值。

3) 引用对象的属性值

引用对象的属性值是指在程序语句中将当前属性值作为已知值使用,即读取对象的属性值。对象的大多数属性是可读取的,但不是所有的属性都是可改写的。

- 改写对象属性:Object.Property 格式出现在赋值语句的左边。
- 读取对象属性:Object.Property 格式出现在赋值语句的右边或表达式中。

例如,在用户窗体 Form1 上有两个文本框控件,对象名分别为 Text1 和 Text2,该控件有一属性 Text,其属性值则是文本框的显示内容。

读写对象属性的赋值语句如下:

```
Text1.Text = "欢迎光临"               (改写对象属性)
Text2.Text = Text1.Text               (读取对象属性)
```

一旦执行语句,首先把字符串"欢迎光临"赋给文本框控件 Text1 的 Text 属性,然后读取对象 Text1 的 Text 属性值赋给 Text2 的 Text 属性,结果 Text1 和 Text2 文本框均显示"欢迎光临"。

2. 对象的方法

方法是描述对象行为的过程,指对象能执行的动作或功能,如显示、打印、绘图和移动等。对于 VB 预定义对象,其方法是特定对象的一部分,它是封装在对象中用来操作对象属性的代码段(特殊的过程或函数),是不可见和不可改写的。

不同的对象有不同的方法,有些方法可以适用于多种类型的对象,而有些方法只适用于几种对象。如大部分对象具有方法 Move(移动位置),而按钮和文本框控件对象都具有方法 SetFocus(将焦点移至指定对象)。

1) 使用对象的方法

调用方法格式如下:

[对象名.]方法名 [参数列表]

例如:在用户窗体 Form1 中有一名为 Txtname 的文本框控件,用来输入用户名,调用方法 Move 移动文本框位置,调用方法 SetFocus 将焦点(光标)移至文本框以便接收信息。

```
Txtname.Move 300,300          (把文本框移到距窗体左边 300、上边 300 的位置处)
Txtname.SetFocus              (将光标置于用户名框以便输入信息)
```

VB 中还提供了一个 Print 方法,当它用于不同对象时,可以在不同的设备上输出信息。

例如:使用方法 Print 在当前窗体 Form1 或打印机上输出字符串"欢迎使用 VB"。

```
Print "欢迎使用 VB"              (在当前窗体上显示字符串"欢迎使用 VB")
```

```
Printer.Print "欢迎使用 VB"                    (在打印机上打印出字符串"欢迎使用 VB")
```

第一句省略了对象名,默认为当前窗体(Form1)对象;第二句中 Printer 为打印机的对象名。

2) 对象的属性与方法的联系

对象的属性与方法是有联系的,调用对象的方法有可能改变对象的属性。

例如:把窗体 Form1 移到屏幕的(700,700)处,并将窗体大小设置为宽度 3800 和高度 2600。

```
Form1.Move 700,700,3800,2600
```

调用 Move 方法既完成了移动功能,又改变了窗体的 Width 和 Height 属性值。

注意:

(1) 如果省略对象名,则默认为当前对象。

(2) 属性或方法是对象三要素之一,属性或方法的名称由对象确定,用户不能自定义。

(3) 属性和方法的使用格式很相似:二者都是用"."运算符与对象分隔,但操作时对象的属性是赋值(=)。而对象的方法则是执行动作或功能。

(4) 许多方法都携带有参数。使用对象方法携带参数的方式是将参数名写在方法名之后,用一个空格符把方法名和第一个参数隔开。

3. 对象的事件

1) 事件

事件是 VB 预先设置好的、能够被对象识别的动作,如 Click(单击)、DblClick(双击)、MouseMove(移动鼠标)和 Load(装入)等。不同的对象能识别的事件也不一样。例如,窗体能识别装载 Load()、单击 Click()和活动 Activate()等事件,而命令按钮能识别单击 Click()、双击 DblClick()和获得焦点 GotFocus()等事件。

事件一般发生在用户与应用程序交互时,如单击控件、键盘输入和移动鼠标等。例如,在窗体 Form1 上有一命令按钮控件,对象名为 Command1,当用户单击该按钮时,将触发单击事件 Command1_Click(),从而执行一段响应程序,实现对象的操作。

也有部分事件不需要用户触发,而是由系统触发,如计时器事件和程序启动时窗体加载 Form_Load()事件等。

2) 事件过程

事件过程是对某个对象事件所执行的操作。响应某个事件后所执行的操作是通过一段程序代码来实现的。一个对象可以识别一个或多个事件,因而可以拥有一个或多个事件过程。每个事件过程必须由用户或系统启动相应事件后,才会执行该事件响应的程序代码。

事件过程的一般格式如下:

```
Private sub 对象名称_事件名称()
    …
    事件响应程序代码
    …
    …
End sub
```

　　Private（意为私有）用来表明事件过程的类型，过程名由两部分组成："对象名称"指的是该对象的 Name 属性，"事件名称"是由 VB 预先定义好的赋于该对象的事件，且必须是对象所能识别的，中间用下划线相连。建立一个对象（窗体或控件）后，VB 自动确定与该对象相应的事件，并可提供用户选择。

　　例如，以下事件过程 Command1_Click()是单击命令按钮 Command1 控件时所执行的操作。

```
Private sub Command1_Click()
   Text1.FontName = "黑体"
   Text1.ForeColor = vbRed
   Text1.Text = "欢迎使用 VB"
End Sub
```

　　该事件过程中，事件响应程序代码有 3 条语句。当用户单击命令按钮 Command1 控件，将触发单击事件 Command1_Click()，从而执行该响应程序代码，在 Text1 文本框中显示"欢迎使用 VB"，其字体为黑体，颜色为红色。

2.3　VB 程序结构与事件驱动编程机制

2.3.1　VB 程序的结构

　　VB 是面向对象的程序设计语言，无论是程序结构还是工作方式都与传统的面向过程的程序设计语言不同。

　　用传统的程序设计语言设计程序时，是通过编写程序代码来设计用户界面，在设计过程中看不见界面，必须编译运行程序后才能显示出来。该应用程序具有明显的开始和结束，按何种顺序执行代码的每个步骤和执行哪一部分代码都由程序控制。即以"过程"为中心来考虑应用程序的结构。

　　VB 则是应用面向对象的程序设计方法（OOP），把程序和数据封装起来作为一个对象，并为每个对象赋予应有的属性。在设计对象时，不必编写建立和描述每个对象的程序代码，只需要按设计要求的屏幕布局，用系统提供的可视化设计工具在屏幕（界面）上画出各种"部件"（图形对象），并设置这些图形对象的属性，VB 就会自动生成对象的程序代码并封装起来，每个对象以图形方式显示在界面上。即以"对象"为中心来设计模块（应用程序结构）。

　　应用程序是一个指令集。应用程序结构是指令存放的位置和指令的执行顺序，即指令的组织或结构。应用程序越复杂，对组织或结构的要求也越高。

　　VB 应用程序通常由 3 种模块组成：窗体模块、标准模块和类模块。

1．窗体模块

　　窗体模块是指在 VB 工程中以.frm 为文件扩展名的文件，其中包含窗体的图形描述、其控件以及控件的属性设置、事件和通用过程等。

　　VB 应用程序是基于对象的。一个应用程序包含一个或多个窗体模块，在窗体上可布局若干控件，每个控件都有相对应的事件过程集，即代码部分，这些代码是为响应特定事件而执行的指令。

　　每个窗体模块可分为两部分,一部分作为用户界面(窗体的图形描述),另一部分是执行具体操作的代码(事件过程),这些代码与窗体或控件相关联。如程序启动时执行窗体加载事件过程 Form_Load(),在 Text1 文本框显示"欢迎使用 VB"。Command1_Click()是命令按钮单击事件过程,当单击 Command1 按钮,文本框的文字呈现黑体和红色,如图 2.5 所示。

　　在窗体模块中除事件过程外,还有通用过程,它可以被窗体中的任何事件过程调用。

2. 标准模块

　　标准模块是指扩展名为.bas 的文件,它完全由代码组成,该文件中的代码不与具体的窗体或控件相关联。

　　在标准模块中,可以定义函数过程或子程序过程,且模块级别声明和定义都被默认为 Public(全局),即标准模块中的过程可以被窗体模块中的任何事件过程调用。

3. 类模块

　　类模块是指扩展名为.cls 的文件,包含有类定义的模块(其属性和方法的定义)。类模块将代码和数据封装在同一个模块中,使得对象能保护和验证其中的数据。

　　每个类模块定义了一个类(一个模板),由一个类可创建多个对象(类的实例),借以创建对象的类能将数据和过程组织成一个整体。可以在窗体模块中创建类的对象,从而调用类模块中的过程。

　　VB 应用程序结构中的 3 种模块可以通过"工程"菜单中的"添加窗体"、"添加模块"和"添加类模块"命令来实现,图 2.6 所示为显示在工程窗口中的 3 种模块。

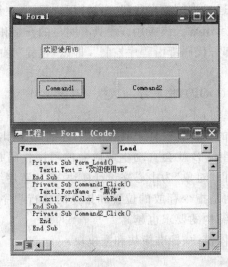

图 2.5　窗体模块

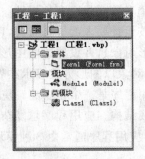

图 2.6　3 种模块

2.3.2　事件驱动编程机制

　　VB 是采用事件驱动编程机制的语言,通过事件驱动程序来执行对象的操作。VB 为每个对象预定义了若干事件,但必须通过代码判定它们是否响应具体事件或如何响应具体事件。为了让对象(窗体或控件)响应某个事件,要由用户编写一段程序代码放入该事件对应的事件过程中。在这种编程机制下,使用 VB 设计大型应用软件时,不必编写具有明显开始和结束的程序,而是编写面向不同对象的若干个微小子程序(事件过程),一个个微小子程序都可以由用户或系统启动的事件激发。

事件驱动编程机制具有如下几个要点:

- 应用程序基于对象组成。
- 每个对象都有预定义的事件集。
- 每个事件的发生都依赖于一定的条件(用户或系统驱动)。
- 每个事件发生后的响应取决于事件过程中的程序代码(用户编写)。

事件驱动程序的核心机制是由用户控制事件的发生,即用户发出什么动作(事件),事件驱动应用程序(相关联的事件过程)执行程序代码,做出响应。

例如,大多数对象都能识别单击(Click)事件,如果用户单击窗体,则执行窗体的单击事件过程中代码;如果单击命令按钮,则执行命令按钮的单击事件过程中代码。

在事件驱动应用程序中,代码不是按预定的顺序执行,而是在响应不同事件时执行不同的代码段,这些事件的顺序决定了代码执行的顺序。即每次运行时所执行的代码和执行顺序有可能不一样。

2.4 窗体与控件

为便于后面章节的学习,需要先介绍几个 VB 的控件对象,以及它们常用的属性、方法和事件。

2.4.1 窗体

窗体与 Windows 下窗口的结构或特性都十分类似。在设计程序时,窗体是程序员的工作台。而运行程序时,每个窗体对应于一个窗口。窗体是一个特殊的控件对象,是其他控件的容器。在窗体上可以布局其他控件,直观地建立应用程序。

窗体(Form)能够成为用户设计的数据输入输出界面。用户通过窗体和控件,可方便地输入数据、输出结果以及控制应用程序的执行。

窗体作为 VB 的对象,具有自己的属性、方法和事件。

1. 窗体的常用属性

窗体属性决定了窗体的外观和操作。有两种方法可以设置窗体属性:一是通过"属性"窗口设置(设计阶段),二是通过窗体事件过程中程序代码设置(运行期间)。大部分属性都可以通过这两种方法进行设置,而只能在"属性"窗口设置的属性称为"只读属性"。

1) Name(名称)

Name 属性是窗体的名字,是在程序代码中使用的对象名。它是只读属性,也是任何对象都具有的属性。如果不设置该窗体属性,VB 会自动为窗体对象给定一个默认值 Form1。

2）Caption（标题）

Caption 属性用来设置窗体标题为所需的名字，既可通过"属性"窗口设置，也可在事件过程中使用程序代码设置，其代码格式如下：

```
对象.Caption[ = 字符串 ]
```

3）BackColor（背景颜色）

BackColor 属性用于设置窗体的背景颜色。表示颜色的方法有几种：

- 系统常量：如 vbRed（红）和 vbBlue（蓝）等。
- 调色板函数 RGB(Red,Green,Blue)：返回一个整数，表示颜色值。
    - Red 参数：取值范围 0~255，表示颜色的红色成分。
    - Green 参数：取值范围 0~255，表示颜色的绿色成分。
    - Blue 参数：取值范围 0~255，表示颜色的蓝色成分。

如 RGB(255,0,0)表示红色，RGB(0,255,0)表示绿色。

- 十六进制整数。

由于颜色常数不便记忆，不必用颜色常数来设置背景色，可选择"属性"窗口中 BackColor 属性条，单击右端的箭头，在对话框中选择调色板来设置背景色。

4）ForeColor（前景颜色）

ForeColor 属性用于设置文本或图形的前景颜色。其设置方法及适用范围与 BackColor 属性相同。

5）BorderStyle（边框类型）

BorderStyle 属性是只读属性，用于设置窗体的边框样式，可取值为 0~5 的整数。其中常用的值有两个：

2-Sizable（默认值）：窗体大小可变，并有标准的双线边界。

3-Fixed Dialog：固定对话框，窗体大小不能改变，并有双线边界。

6）Height、Width（高、宽）

这两个属性用来指定窗体的高度和宽度，其单位为 twip，即 1 点的 1/20（1/1440 英寸）。其程序代码格式如下：

```
对象.Height[ = 数值 ]
对象.Width[ = 数值 ]
```

如果不设置该属性，则窗口大小与设计时的窗体大小相同。

2．窗体的常用事件

1）Click（单击）事件

程序运行后，用户单击窗体内（除控件外）某个位置时，VB 将调用窗体的单击事件过程 Form_Click()。

2）DblClick（双击）事件

程序运行后，用户双击窗体内的某个位置，VB 将调用窗体双击事件过程 Form_ DblClick()。

3）Load（装入）事件

Load 是把窗体装入工作区的事件。当启动程序时，将自动触发该窗体事件对应的

Form_Load()事件过程。因而该事件过程常用来对属性和变量进行初始化。

4）Unload(卸载)事件

从内存中清除一个窗体(关闭窗体或执行 Unload 语句)时触发该事件。

5）Activate(活动)事件

通过单击某窗体或程序中调用窗体的 Show 方法等操作,可以在多窗体中把该窗体变为活动窗口。当窗体变为活动窗口时将触发 Activate 事件。

6）Paint(绘画)事件

当窗体被移动或放大时,或者窗口移动时覆盖了一个窗体时,触发该事件。

3. 窗体的常用方法

1）Print 方法

Print 方法用于在窗体(Form)、图片框(Picture)和打印机(Printer)上输出字符或数值。一般格式如下:

[对象名].Print [表达式列表][,|;]

例如,某窗体的单击事件过程 Form1_Click()中,响应程序代码使用 Print 方法的示例如下:

```
Private Sub Form1_Click()
   Form1.Print  "how are you";"?"
   Form1.Print  "123456","ABCDEF"
   Picture.Print  "计算机世界"
   Picture.Print  "教材书";5+20;"本"
End Sub
```

当用户单击窗体某位置时,窗体单击事件过程 Form1_Click()被触发,程序代码执行后,输出结果如图 2.7 所示。

2）Cls(清屏)方法

该方法清除窗体上由 Print 方法显示的字符和数值,或图片框中显示的图形。例如:

```
Picture1.Cls     (清除图片框 Picture1 内的图形或文本)
Cls              (清除当前窗体内显示的内容)
```

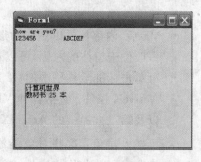

图 2.7 Print 方法输出示例

3）Move 方法

Move 方法用来移动窗体和控件,并可改变其大小。其调用格式如下:

[对象名].Move 左边距离[,上边距离[,宽度[,高度]]]

其中:"左边距离"、"上边距离"、"宽度"、"高度"均以 twip 为单位。

如果省略"对象名",表示要移动的是窗体。如果对象是窗体,则"左边距离"和"上边距离"均以屏幕左边界和上边界为准。如果对象是控件,则以窗体的左边界和上边界为准。

例如,在窗体的任意位置画一个文本框控件 Text1,使用 Move 方法移动窗体和文本框的位置并改变其大小。窗体单击事件过程 Form1_Click()如下:

```
Private Sub Form1_Click()
  Move 500,500,3800,2500
  Text1.Move 200,200,1500,1000
End Sub
```

该事件过程重新设置窗体和文本框的位置及大小。即先把窗体移到距屏幕左边界500,上边界 500 的位置处,并将其大小设置为宽度 3800 和高度 2500。然后把文本框移到窗体的(200,200)处,把大小设置为宽 1500,高 1000。

4) Show 方法

Show 方法兼有装入和显示窗体两种功能,即在执行 Show 方法时,如果窗体不在内存中,则会自动把窗体装入内存,然后显示出来。该方法主要用于多窗体程序设计中,显示或隐藏指定的窗体。其方法调用格式如下:

[窗体名称].Show

如果省略"窗体名称",则显示当前窗体。

5) Hide 方法

Hide 方法将窗体隐藏,即屏幕上不显示,但仍在内存中。

2.4.2　控件的使用

窗体和控件都是 VB 的对象,在设计用户界面时,需要在窗体上画出各种所需的控件,控件是构成用户界面的基本元素。

1. 控件的类型

VB 的控件分为以下 3 类:

- 标准控件(也称内部控件):如标签、文本框、图片框、命令按钮和列表框等。启动VB 后,内部控件以图标的形式在工具箱中列出,既不能添加,也不能删除。工具箱一般位于窗体的左侧,可以通过单击其右上角的"×"按钮关闭。若要打开工具箱,可单击标准工具栏中的"工具箱"按钮。
- ActiveX 控件:包括各种 VB 版本提供的控件,仅在专业版和企业版中提供的控件,以及第三方提供的 ActiveX 控件。
- 可插入对象:这些对象能添加到工具箱中,可以被当做控件。使用这类控件可在 VB 应用程序中控制另一个应用程序的对象。

2. 控件的画法

建立用户界面的主要工作是画控件,在窗体上画一个控件可以通过两种方法。

1) 控件画法 1

以图 2.8 为例,画控件步骤如下:

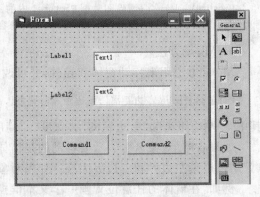

图 2.8　窗体上画控件

（1）单击控件工具箱中的文本框图标，该图标呈反相显示。

（2）把鼠标光标移到窗体上，此时光标变为"＋"号。

（3）移动"＋"号到窗体适当位置，按下鼠标左键不放并向右下方拖动，窗体上出现一方框。

（4）随着鼠标向右下方移动，在所画方框逐渐增大到合适尺寸时，松开鼠标，即在窗体上画出一个文本框控件。

（5）画完一个控件后，单击工具箱中的指针图标（或其他图标）。

用同样的方法，可以在窗体上画出第 2 个文本框、第 2 个标签和第 2 个命令按钮控件。即每单击一次工具箱中的某个图标，只能在窗体上画一个相应控件。如果要画不同类型的多个控件，必须多次单击相应的控件图标。

2）控件画法 2

这种建立控件的方法比较简单，即双击工具箱中某种控件图标，即在当前窗体的中心位置自动画出（显示）该控件。

注意：用画法 1 画控件的过程中，所画控件的大小和位置是可变的；而用画法 2 所画控件的大小和位置是固定的。两种方法画完控件后，均可重新调整控件的大小和位置。

3. 控件的基本操作

初次设计用户界面时，在窗体上布局了若干控件，其大小和位置不一定符合设计要求，可能需要调整或修改。即对控件进行缩放、移动、复制、删除以及多个控件的对齐与统一尺寸等操作。

1）控件的选择

刚画完一个控件后，该控件为活动控件（该控件边框上有 8 个黑色小方块）。对控件的所有操作都是针对活动控件进行的，不活动的控件不能进行任何操作。

为了对一个控件进行指定的操作（如复制或删除），必须先选择控件，使其变为活动的。即单击一个控件，就使它变为活动控件。如果要对多个控件进行操作，如移动多个控件，必须选择要操作的所有控件。两种操作方法如下：

- 按住 Shift 键不放，单击每个要选择的控件。
- 把鼠标光标移到窗体中适当的位置，拖动鼠标画出一虚线矩形，将要选择的控件包含在矩形框内。

注意：在被选择的多个控件中，有一个控件周围是 8 个实心小方块（其他为空心小方块），这个控件称为"基准控件"。当对多个控件进行对齐、调整等操作时，以该控件为准。

2）控件的缩放和移动

缩放：当控件是活动的，可直接用鼠标拖动该控件边框上的 8 个黑色小方块（上、下、左、右 4 条边和 4 个角），使控件在相应的方向上放大或缩小。

移动：将鼠标移到控件内，按住左键不放移动鼠标，可以把控件拖动到窗体的任何位置。

3）控件的复制和删除

复制控件的操作步骤如下：

（1）选择要复制的控件。

（2）选择"编辑"菜单的"复制"命令。

（3）选择"编辑"菜单的"粘贴"命令，弹出一对话框，询问是否建立控件数组。

（4）单击"否"按钮，活动控件被复制到窗体的左上角，可拖动到合适的位置。

删除控件：先选择要删除的控件，然后按 Del 键。

4）多个控件的对齐与调整

窗体的多个控件之间，经常需要进行对齐、调整间距和统一尺寸等。具体操作如下：

（1）选择要操作的所有控件。

（2）选择"格式"菜单的各种命令（如"对齐"和"统一尺寸"等）。

2.4.3　常用控件

本小节仅介绍几个常用控件：标签、文本框、命令按钮以及它们的属性、方法和事件。只有掌握了控件的属性、方法和事件，才能编写具有实用价值的应用程序。关于标准控件的详细介绍参见第 5 章。

1. 常用控件的公共属性

大多数控件都具有的属性称为公共属性，常用控件的共同属性如下：

- Name（控件的名字）。
- Caption（控件上显示的文字内容）。
- Visible（取逻辑值 True 或 False，决定对象是否可见）。
- Font 系列（字符格式）：包括 FontName（字体：宋体）、FontSize（字号）、FontBold（粗体字）、FontItalic（斜体字）、FontUnderline（下划线）等。
- Left、Top 和 Height、Width（整型数）：确定界面对象的坐标位置和尺寸大小。
- ForeColor（前景色）：与窗体该属性相同。
- BackColor（背景色）：与窗体该属性相同。
- BorderStyle（边框样式）：可取值 0 或 1。即 0——控件无边框线，1——控件周围加单线边框。
- Enabled（逻辑型）：用来确定对象是否有效（可用），即一个窗体和控件是否能够对用户产生的事件做出反应。该值为 True 时，允许对象对事件做出反应；如果为 False 时，禁止对事件做出反应，此时对象变为灰色。

2. 标签（Label）控件

标签主要用来显示文本信息，其默认名称（Name）和标题（Caption）为 Label1、Label2、Label3……，它显示的文本信息只能用 Caption 属性来设置或修改，不能直接编辑。

标签常用来标注本身不具有 Caption 属性的控件，如文本框、列表框和组合框等。在窗体中添加这些控件时，可用标签为它们附加描述性文字。

1）标签的常用属性

标签的部分属性除了与大多数控件的共同属性相同外，还有一些特殊的属性。

Alignment：该属性用来确定标签中显示标题的对齐方式，可以设置为 0、1 或 2。

0——标题左对齐显示（默认值）。

1——标题右对齐显示。

2——标题居中显示。

Autosize(逻辑型)：如果把该属性设置为 True,可根据 Caption 属性指定的标题内容,自动调整标签的大小;如果该属性值为 False,则标签保持设计时定义的大小,若标题太长,只能显示部分。

WordWrap(逻辑型)：该属性只适用于标签,用来确定标签的标题(Caption)属性的显示方式。即标题内容太长时,在行末是否自动换行。值为 True 则自动换行,否则不换行。为了使 WordWrap 属性起作用,必须把 Autosize 属性设置为 True。

2) 标签的常用方法和事件

标签常用 Move 方法、Click(单击)事件和 DblClick(双击)事件。

例如,标签单击事件过程如下：

```
Private Sub Label1_Click()
    Label1.AutoSize = True
    Caption = "标签示例"
    Label1.Caption = "请输入密码："
    Label1.FontName = "华文彩云"
    Label1.FontBold = True
    Label1.FontSize = 24
End Sub
```

图 2.9　标签单击事件运行结果

在代码中设置属性时,如果缺省对象名则是指当前窗体。若单击标签,则触发该事件过程,执行响应程序代码,其运行结果如图 2.9 所示。

3. 文本框(TextBox)控件

文本框是一个文本编辑区域,也称为文字编辑控件,其对象类名为 TextBox,默认名称(Name)和标题(Caption)为 Text1、Text2……。在设计阶段或运行时可以在文本框输入、修改和显示文本。通常用于为程序提供输入数据的窗口。

1) 文本框的常用属性

控件的公共属性也可以用于文本框,此外文本框控件还具有如下的特殊属性：

Text(文本内容)：该属性用来设置文本框中显示的内容。

MaxLenght(文本长度)：该属性允许在文本框中输入的最大字符数。一般默认值为 0,则在文本框中输入的字符数不能超过 32K(多行文本)。

MultiLine(逻辑型)：该属性用来确定文本框是否显示多行文本。若设置为 True,允许使用多行文本,即输入或显示文本时可以换行;若设置为 False,只能输入或显示单行文本。如果要在多行文本框上定制滚动条组合,还需要设置 ScrollBars 属性。

ScrollBars：该属性用来确定文本框中是否有滚动条,可取值 0、1、2 和 3。

0——无滚动条(默认值)。

1——仅有水平滚动条。

2——仅有垂直滚动条。

3——有两种滚动条。

PasswordChar：该属性用来确定所输入的字符或占位符在文本框中是否显示出来。一般默认为空字符串(""),即用户从键盘输入时,每个字符都会在文本框显示出来;只有将该属性设置为一个字符(任意字符),如"＊"(星号),则显示文本不是所输入的字符,而是"＊"字符,文本框中输入内容没有变,只是显示结果被改变了。

该属性的这一特点只适用于单行文本,主要用来输入口令。如网上银行登录某用户的密码时,隐藏其实际密码,以防被非法窃取。

Alignment:该属性用来确定文本框中文字的对齐方式。可以取值 0、1 和 2。

0——文本左对齐(默认值)。

1——文本右对齐。

2——文本居中对齐。

Locked(逻辑型):该属性用来确定文本框是否可被编辑。如果该属性为 False(默认)时,可以编辑文本框中的文本;当设置值为 True 时,可以滚动和加亮文本,但不能编辑。

2) 文本框的常用方法

SetFocus 是文本框控件中较常用的方法,格式如下:

```
[对象.]SetFocus
```

该方法用于将焦点(输入光标)移到指定的文本框中,以便接收输入信息。在窗体中建立了多个文本框后,可以用该方法把光标置于所需的文本框。

3) 文本框的常用事件

文本框不仅有大多数控件都有的 Click(单击)事件和 DblClick(双击)事件,还有一些特殊事件如下:

Change:该事件在改变文本框的内容时发生。当用户改变文本框正文或通过程序代码把 Text 属性设置为新值时,将触发 Change 事件。即程序运行后,在文本框中输入一个字符,就会引发一次该事件。

GetFocus:该事件在文本框获得焦点时发生。只有当一个文本框被激活并且 Visible 属性(可见性)为 True 时,才能获得焦点。可通过按 Tab 键、单击对象(用户动作)以及在代码中调用 SetFocus 方法等接收到焦点,当文本框具有输入焦点(激活)时,输入文本框的每个字符都将显示出来。

LostFocus:当按下 Tab 键使光标(焦点)离开当前文本框或者鼠标选择窗体中其他对象时触发该事件。用 Change 和 LostFocus 事件过程都可以检查文本框的 Text 属性值。

例如,建立两个文本框,当第一个文本框获得焦点时,将两个文本框内容清除,设置该文本框的文字为红色、加粗。在第一文本框输入文字后按 Tab 键离开时,第二个文本框内容与第一个文本框内容相同。

文本框获得焦点时触发事件过程如下:

```
Private Sub Text1_GotFocus()
    Text1.Text = ""
    Text2.Text = ""
    Text1.FontBold = True
    Text1.ForeColor = vbRed
End Sub
```

按 Tab 键离开文本框时触发事件过程如下：

```
Private Sub Text1_LostFocus()
    Text2.Text = Text1.Text
End Sub
```

启动窗体后，第一个文本框获得焦点（默认），触发 Text1_GotFocus()事件过程，用户在活动文本框中输入"欢迎使用 VB"，文字自动变成红色粗体字；输入完数据后按 Tab 键，触发 Text1_LostFocus()事件过程，将第一文本框的内容写入第二文本框中，即第二文本框也出现"欢迎使用 VB"的内容，如图 2.10 所示。

图 2.10　文本框焦点事件运行结果

4. 按钮（CommandButton）控件

按钮控件是指命令按钮，其对象的类名为 CommandButton，默认名称（Name）和标题（Caption）为 Command1、Command2……，它是 VB 应用程序中最常用的控件。用命令按钮可以实现一个过程的开始、中断或结束，并提供用户与应用程序间的交互。

命令按钮通常用来在单击时执行指定的操作，即由用户控制事件的发生。而单击命令按钮的顺序，则决定了每次运行时所执行的代码和执行顺序。

1）命令按钮的常用属性

大多数控件的公共属性都可用于命令按钮，此外命令按钮还有如下的特殊属性：

Cancel（逻辑型）：该属性被设置为 True 时，单击该命令按钮与按 Esc 键的作用相同。在画有多个命令按钮的窗体中，只允许其中一个按钮的 Cancel 属性被设置为 True。

Default（逻辑型）：该属性被设置为 True 时，单击该命令按钮与按回车键的作用相同。在一个窗体中，只能有一个命令按钮的 Default 属性值为 True。

2）命令按钮常用方法和事件

Click（单击）事件：单击命令按钮时发生。它不支持 DblClick（双击）事件。

SetFocus 方法：该方法用于将焦点移到指定的命令按钮，即该按钮被激活或获得焦点。从外观上看，获得焦点的按钮在其内侧有一个虚线框。

例如：在一窗体中有 3 个命令按钮，Caption 属性分别设置为"红色"、"绿色"和"还原"字样，字体统一设置为宋体、粗体、四号。程序一启动，单击"红色"按钮，窗体背景色被设置为红色，"还原"按钮获得焦点；此时按下回车键，窗体背景色还原为默认颜色；单击"绿色"按钮，窗体背景色变为绿色；再次单击"还原"，窗体背景色又一次还原。

各命令按钮对应单击（Click）事件过程如下：

```
Dim s                      '定义全局变量
Private Sub Command1_Click()
    s = BackColor          '保存窗体默认的背景色到 s 变量
    BackColor = vbRed      '设置窗体背景色为红色
    Command3.SetFocus      '还原按钮获得焦点
End Sub
Private Sub Command2_Click()
    BackColor = vbGreen    '设置窗体背景色为绿色
```

```
End Sub
Private Sub Command3_Click()
  BackColor = s                '设置窗体背景色为默认颜色
End Sub
```

运行程序,窗口界面参见图 2.11。单击"红色"按钮后的界面如图 2.12 所示。

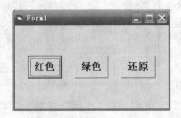

图 2.11　程序运行时的界面　　　　　　图 2.12　单击"红色"后的界面

当单击"红色"按钮时,该按钮相应 Command1_Click()事件过程被触发,执行响应代码,窗体默认的背景色先保存,然后重新设置为红色,焦点从"红色"按钮移到"还原"按钮(观察界面上按钮的虚线框转移),此时按下回车键,等同于单击"还原"按钮,该按钮的Command3_Click()事件过程被触发,窗体的背景色还原成默认的颜色。

2.4.4　控件的应用

1. 可视化编程的基本步骤

使用 VB 开发应用程序需要以下 3 个基本步骤:
(1) 绘制界面;
(2) 设置属性;
(3) 编写代码。

1) 建立用户界面

为了建立应用程序,首先应建立一个新的工程(即选择"文件"/"新建工程"命令)。一个工程包含对象和代码两部分:其中对象通常指窗体和控件,代码则是控制运行的程序,每个工程至少包括一个窗体。

用户界面由对象组成,建立用户界面就是在窗体上画出各个控件,并根据应用程序的设计要求来改变其位置和大小。程序运行后,将在屏幕上显示由窗体和控件组成的用户界面。

启动 VB 后,双击该对话框的"标准 EXE"图标,屏幕上将显示一个窗体,默认名称为Form1,在该窗体上可以设计用户界面。如果要建立新的窗体,可以选择"工程"菜单的"添加窗体"命令来实现。

2) 设置属性

建立用户界面后,可以通过不同的方式设置窗体和每个控件的属性。在窗体中单击某控件,打开的"属性"窗口就是该控件的属性框,此时可设置或修改其属性值。具体操作见后。

在实际应用程序设计中,建立界面和设置属性可以同时进行,每画完一个控件,接着就设置该控件的属性。

3）编写代码

VB 采用事件驱动编程机制，大部分程序都是针对窗体中各个控件所能支持的事件编写的（每个事件对应一个事件过程），即编写事件过程代码。过程需要在程序代码窗口中输入和编辑，用以下几种方法可以进入事件过程（即打开代码窗口）。

- 双击窗体或控件。
- 单击控件，选择"视图"菜单中"代码窗口"命令（或按 F7 键）。
- 单击"工程资源管理器"窗口中"查看代码"按钮。

进入代码窗口后，可以选择该对象所能识别的各种事件，编写或修改该控件相应事件过程中的程序代码。

2. 应用举例

下面将通过一个具体例子来实现应用程序设计的全过程。程序要求如下：

按照可视化编程的基本步骤，设计如图 2.13 所示用户界面。要求输入职工姓名、各种工资及扣款，计算职工的总扣款和实发工资。具体实现过程如下：

1）设计用户界面

由题意可知，需要建立的用户界面包括 20 个控件对象，其中 8 个标签、8 个文本框和 4 个命令按钮。设计用户界面的具体步骤如下：

（1）启动 VB 进入集成开发环境，新建一个"标准 EXE"类型工程，并进入工程的默认窗体 Form1。

（2）将窗体调整为图 2.13 所示界面大小并按其布局添加控件。

图 2.13　一个简单程序界面实例

（3）单击工具箱中的标签图标，在窗体适当位置上画一个标签（自动标有 Label1），重复画出其余 7 个标签控件，分别标有 Label2～Label8。

（4）单击工具箱中的文本框图标，在窗体适当位置上画一个文本框（自动标有 Text1），重复画出其余 7 个文本框控件，分别标有 Text2～Text8。

（5）单击工具箱中的命令按钮图标，在窗体适当位置上画一个命令按钮（自动标有 Command1），重复画出其余 3 个命令按钮控件，分别标有 Command2～Command4。

（6）画完控件后，按照图 2.13 所示界面，适当调整每个控件的大小和位置。

2）为控件设置属性

在窗体中单击某控件，打开的"属性"窗口就是该控件的属性框，可以使用"属性"窗口为控件设置或修改属性值。

例如，设置标签控件 Label2 的 Caption 属性值为"岗位工资"；设置文本框控件 Text1 的 Name 属性值为 zgxm。其具体设置如下：

（1）在设计窗体中单击 Label2 控件。

（2）在打开的"属性"窗口中找到 Caption 属性，在其右边输入"岗位工资"，如

图 2.14(a)所示。

(3) 在设计窗体中单击 Text1 控件。

(4) 在打开的"属性"窗口中找到 Name(名称)属性,在其右边输入 zgxm,如图 2.14(b)所示。

(a) 设置标签　　　　　　　　　(b) 设置文本框

图　2.14

依次打开各控件的"属性"窗口,并按表 2.1 设置各控件的属性值。

3) 为控件编写代码

过程代码是针对某个对象事件编写的,不论用哪种方法进入代码窗口,都可以通过对象名与事件名的不同组合来改变事件过程名。

表 2.1　各控件的主要属性设置

控　件	属性名称	属性值
窗体	Caption	计算职工的实发工资
Label1(标签 1)	Caption	姓名
Label2	Caption	岗位工资
Label3	Caption	薪级工资
Label4	Caption	物资补贴
Label5	Caption	水 电 气
Label6	Caption	医保
Label7	Caption	扣款合计
Label8	Caption	实发工资
Text1(文本框 1)	Name(名称)	zgxm
Text2	Name(名称)	gwgz
Text3	Name(名称)	xjgz
Text4	Name(名称)	wzbt
Text5	Name(名称)	sdq
Text6	Name(名称)	yb
Text7	Name(名称)	Kkhj
	Locked	True

续表

控 件	属 性 名 称	属 性 值
Text8	Name(名称)	Sfgz .
	Locked	True
Command1(命令按钮 1)	Caption	计算实发工资
Command2	Caption	计算扣款
Command3	Caption	下一个
Command4	Caption	结束

（1）双击"计算实发工资"命令按钮，打开代码窗口，在系统自动给出的事件过程的开头和结尾之中输入程序代码。由于事件过程 Command1_Click 是单击控件 Command1 时所执行的操作，依据题意：实发工资＝岗位工资＋薪级工资＋物资补贴－扣款合计。

即事件过程代码如下：

```
Private Sub Command1_Click()
    sfgz.Text = Int(gwgz.Text) + Int(xjgz.Text) + Int(wzbt.Text) – Int(kkhj.text)
End Sub
```

为了指明某个对象的操作，必须在方法或属性前加上对象名，中间用运算符（.）隔开。如 gwgz.Text 用来表示窗体中标注岗位工资所对应的文本框，其 gwgz 是文本框的名称（对象名），Text 是文本框属性（文本框的内容），Int 是取整数函数（内部函数）。

（2）双击"计算扣款"命令按钮，打开代码窗口，编写代码如下：

```
Private Sub Command2_Click()
    kkhj.Text = Int(sdq.Text) + Int(yb.Text)
End Sub
```

（3）双击"下一个"命令按钮，打开代码窗口，编写代码如下：

```
Private Sub Command3_Click()
    zgxm.Text = ""              '清除文本框的内容
    gwgz.Text = ""
    xjgz.Text = ""
    wzbt.Text = ""
    sdq.Text = ""
    yb.Text = ""
    kkhj.Text = ""
    sfgz.Text = ""
    zgxm.SetFocus              '姓名文本框获得焦点
End Sub
```

（4）双击"退出"命令按钮，打开代码窗口，编写代码如下：

```
Private Sub Command4_Click()
    End
End Sub
```

代码编写完毕，关闭代码窗口，然后选择"运行"菜单的"启动"命令，程序运行窗口如图 2.13 所示。用户开始输入某个职工姓名、各种工资、水电气和医保，先单击"计算扣款"

命令按钮,扣款文本框显示扣款合计。然后单击"计算实发工资"命令按钮,则实发工资文本框显示出某人的实发工资数据。

若要继续计算另一人的实发工资,单击"下一个"命令按钮,清空所有文本框内容,"姓名"文本框被激活或获得焦点。

一旦程序调试、运行完毕,可单击"退出"命令按钮返回设计窗口,再保存工程文件(.vbp),文件名由用户自由设定。

习题 2

2.1　思考题

1. 可以通过哪几种方法打开代码窗口?
2. 什么是对象的属性、方法及事件?
3. 控件的 Name 属性与 Caption 属性有何区别?
4. 事件驱动程序的特点是什么?
5. 标签和文本框的区别是什么?

2.2　单选题

1. 每建立一个窗体,工程管理器窗口就会增加一个_____。
A. 工程文件　　　　B. 窗体文件　　　　C. 程序模块　　　　D. 类模块
2. 下述叙述中正确的是_____。
A. 在不同程序中同一个事件的名称可以不同
B. 事件是由用户定义的
C. 事件是对象能够识别的动作
D. 对象的事件是不固定的
3. 对象的属性用来描述对象的特征,它们是一组_____。
A. 数据　　　　B. 程序　　　　C. 属性名　　　　D. 操作
4. 窗体的标题栏显示内容由窗体对象的_____属性决定。
A. BackColor　　　B. Text　　　　C. Name　　　　D. Caption
5. 文本框的_____属性可防止用户编辑文本框中的内容。
A. Locked　　　　B. MaxLenght　　　C. Text　　　　D. PasswordChar
6. 可使用_____方法使某可见控件获得焦点。
A. Show　　　　B. SetFocus　　　C. Move　　　　D. Print
7. 以下能够触发文本框的 Change 事件的操作是_____。
A. 文本框失去焦点　　　　　　B. 文本框获得焦点
C. 设置文本框属性　　　　　　D. 改变文本框的内容
8. 若要使命令按钮不可用,应该将_____属性设置为 False。
A. Font　　　　B. Visible　　　C. Enabled　　　D. Cancel

9. 在标签控件中,如果要将文字多行显示,应设置的属性是_____。

A. MultiLine   B. WordWrap   C. AutoSize   D. Alignment

10. 不支持双击事件的控件是_____。

A. Form   B. TextBox   C. Label   D. CommandButton

2.3　填空题

1. VB 是采用_____编程机制的语言。

2. 如果要将命令按钮设置为窗体的取消按钮,应该设置的属性是_____。

3. 所有控件都具有的共同属性是_____属性。

4. 定义窗体 Form1 单击事件的头语句是_____。

5. 工具栏中"启动"按钮的作用是_____。

6. 在设计阶段,当双击窗体上某个控件所打开的窗口是_____。

7. 为了在 Text1 文本框中显示"我是一个学生",应使用_____语句。

8. 因文本框失去焦点而触发的事件是_____。

9. 窗体上有一标签 Label1,要使运行时单击标签所实现功能为:①标签内容变为"请输入用户名";②文字颜色变为绿色,请填空以完善下列事件过程代码。

```
Private Sub Label1_Click()
    _____①
    _____②
End Sub
```

10. 窗体上有一文本框 Text1 和命令按钮 Command1,运行时单击命令按钮,要使文本框内数据加倍,请填空以完善下列事件过程代码。

```
Private Sub Command1_Click()
    Text1.Text = _____
End Sub
```

2.4　事件练习题

1. 有如下事件过程

```
Private Sub Label1_Click()
    Label1.AutoSize = True
    Caption = "输入界面"
    Label1.Caption = "请输入用户名："
    Label1.FontName = "华文彩云"
    Label1.FontBold = True
    Label1.FontSize = 24
End Sub
```

上机验证并回答问题:

(1) 该事件的对象是哪个? 怎样触发该事件?

(2) 事件代码中哪些是针对窗体的? 哪些是针对标签的?

(3) 哪条语句使标签的大小自动随文字的多少而改变?

2. 在窗体中画两个文本框和一个命令按钮，然后在代码窗口中编写如下事件过程：

```
Private Sub Command1_Click()
    Text1.Text = "计算机世界"
    Text2.Text =  Text1.Text
    Text1.Text = "知音海外版"
End Sub
```

程序运行后，单击命令按钮，在两个文本框中各显示什么内容？

3. 在窗体中画一个文本框和两个命令按钮，并把两个命令按钮的标题分别设置为"隐藏文本框"和"显示文本框"。当单击"隐藏文本框"按钮时，窗体上的文本框消失；当单击"显示文本框"按钮时，文本框重新出现，并在文本框中显示"VB 程序设计"（红色文字）。编写相应事件过程并运行验证。

第3章

VB语言语法基础

本章知识点：*字符集及编码；基本数据类型、变量和常量、运算符和表达式、内部函数等语法成分的使用。*

编写程序代码是设计 VB 应用程序中非常重要的一个环节。因为只有单纯的图形界面，而没有代码的应用程序是什么都无法完成的。VB 是一种面向对象的语言，因而 VB 的代码就像一条线，将图形界面元素（对象）串在一起，从而实现一定的功能。要熟练地运用 VB 进行应用程序的设计，首先应掌握的便是 VB 语言的结构和语法，为 VB 的程序设计奠定基础。

任何程序的编写都要遵循一定的语言规则，VB 也不例外。本章主要介绍 VB 语言的最基本的语法结构和语法功能，从而让大家具备初步的代码编写能力。

3.1 字符集及编码规则

字符集与编码规则是语言语法的最基本内容。

3.1.1 VB 的字符集

（1）字母有大写英文字母 A～Z，小写英文字母 a～z。

（2）数字有 0～9。

（3）专用字符，共 27 个。

3.1.2 编码规则与约定

1. 编码规则

（1）VB 代码中不区分字母的大小写。

（2）在同一行上可以书写多条语句，语句间要用冒号"："分隔。

（3）若一个语句行不能写下全部语句，或在特别需要时，可以换行。换行时需在本行后加入续行符，即 1 个空格加下划线"_"。

（4）一行最多允许 255 个字符。

（5）注释以 Rem 开头，也可以使用单引号"'"，注释内容可直接出现在语句的后面。

（6）在程序转向时需用到标号，标号是以字母开始而以冒号结束的字符串。

2. 约定

（1）为了提高程序的可读性，对于 VB 中的关键字要求其首字母大写，其余字母小写。如 If、As、True 等。

（2）注释有利于程序的维护和调试，以 Rem 开始或以单引号"'"开始。例如：

```
REM This is a VB
' This is a VB
```

（3）通常不使用行号。

3.2 基本数据类型

数据类型多达 11 种，包括：Integer、Long、Single、Double、Currency、Byte、String、Boolean、Date、Object 和 Variant。各种数据类型的存储空间大小和范围如表 3.1 所示。

表 3.1 VB 语言中的基本数据类型

数据类型	名称	类型符	占用空间（字节）	取 值 范 围
Integer	整型	%	2	$-32\ 768 \sim 32\ 767$
Long	长整型	&	4	$-2\ 147\ 483\ 648 \sim 2\ 147\ 483\ 647$
Byte	字节型	无	1	$0 \sim 255$
Single	单精度型	!	4	$-3.402\ 823 \times 10^{-38} \sim 3.402\ 823 \times 10^{38}$
Double	双精度型	#	8	负数：$-1.797\ 693 \times 10^{308} \sim -4.940\ 656 \times 10^{-324}$ 正数：$4.940\ 656 \times 10^{-324} \sim 1.797\ 693 \times 10^{308}$
Currency	货币型	@	8	$-922\ 377\ 203\ 685\ 477.5808$ $\sim 922\ 377\ 203\ 685\ 477.5807$
String	字符型	$	与字符串长度有关	定长字符串：$1 \sim 65\ 535$ 个字符 变长字符串：$1 \sim 2^{31}$ 个字符
Boolean	布尔型	无	2	True 和 False
Date	日期型	无	8	01/01/100—12/31/9999
Object	对象型	无	4	任何可引用对象
Variant	变体型	无	按需分配	

1. 数值型

数值型数据包含两类共 5 种数据类型。

1）整数数据

存放整数数据的有 Integer（整型）和 Long（长整型）。

2）小数数据

存放小数数据的有 Single（单精度浮点型，精度为 7 位）、Double（双精度浮点型，精度为16 位）和 Currency（货币型），Currency 型的数据小数点前面可以有 15 位，小数点后有 4 位。

2. 字节型（Byte）

Byte 型用于存储二进制数据，$0 \sim 255$ 的整数可以用 Byte 型表示。

3. 字符型（String）

字符型用于存放字符串，字符串是用双引号（""）括起来的一串字符，字符型有变长和定长两种，分别表示固定长度和可变长度的字符串。变长字符串型根据存放的字符串，长度可增可减。

4. 逻辑型（Boolean）

逻辑型存储的只能是 True 或 False。如果数据的值只有 True 或 False、Yes 或 No、On 或 Off，则可以用 Boolean 型表示。

5. 日期型（Date）

日期型用于存储日期和时间，日期型数据必须以一对"#"符号括起来。如果不含时间值，则自动将时间设置为午夜（00：00：00）；如果不含日期值，则自动将日期设置为公元 1899 年 12 月 30 日。

6. 变体型（Variant）

变体型能够存储系统定义的所有类型的数据，是一种可变的数据类型。当没有说明数据类型时，则变量自动为 Variant 型，根据需要自动转换所需类型，但采用 Variant 型占用的内存要比其他类型多。

7. 对象型（Object）

对象型用于表示任何类型的对象，可引用 VB 应用程序中或其他应用程序中的对象。必须使用 Set 语句先对对象引用赋值，然后才能引用对象。如：

```
Dim a As Object                    '定义数据对象
Set a = text1                      '对象引用赋值
a.text = "hello"                   '使用对象
```

3.3 常量和变量

3.3.1 常量

在程序运行过程中，其值不能被改变的量称为常量。在 VB 中有 3 类常量：普通常量、符号常量、系统内部定义常量。

1. 普通常量

1）整型常量

（1）整型（Integer）：表示 −32 768 至 32 767 之间的整数。例如 10、110、20。

（2）长整型（Long）：表示 −2 147 483 648～2 147 483 647 之间的整数，例如，长整型常量书写为 21&。

通常所说的整型常量指的是十进制整数,但 VB 中可以使用八进制和十六进制形式的整型常量,因此整型常量有如下 3 种形式:

① 十进制整数,如 21、0、−7。

② 八进制整数,以 & 或 &O(字母 O)开头的整数是八进制整数,如 &O25 表示八进制整数 25,即 $(25)_8$,等于十进制数 21。

③ 十六进制,以 &H 开头的整数是十六进制整数,如 &H25 表示十六进制整数 25,即 $(25)_{16}$,等于十进制数 37。VB 中的颜色数据常常用十六进制整数表示。

2) 实型常量

(1) 单精度实型(Single):有效数为 7 位。

(2) 双精度实型(Double):有效数为 15 位。

十进制小数形式是由正负号(＋,−)、数字(0~9)和小数点(.)或类型符号(!、#)组成,如 ±n.n,±n! 或 ±n#,其中 n 是 0~9 的数字。例如 0.123、.123、123.0、123!、123# 等。

指数形式:±nE±m 或 ±n.nE±m,±nD±m 或 ±n.nD±m(D 表示双精度型,n 为尾数,m 为指数)。例如 1.25E+3 和 1.25D+3 相当于 1250.0 或者 1.25×10^3。

3) 字符串常量

在 VB 中字符串常量是用双引号("")括起的一串字符,可以是所有西文字符和汉字、标点符号等。例如"ABC"、"a"、"123"、"0"、"VB 程序设计"等。

说明:

(1) ""表示空字符串,而" "表示有一个空格的字符串;

(2) 若字符串中有双引号,例如 ABD"XYZ,则用连续两个双引号表示,即"ABD""XYZ"。

4) 布尔常量

只有两个值 True 或 False。将逻辑数据转换成整型时 True 为−1,False 为 0;其他数据转换成逻辑数据时非 0 为 True,0 为 False。

5) 日期常量

日期(Date)型数据按 8 字节的浮点数来存储,表示日期范围从公元 100 年 1 月 1 日—9999 年 12 月 31 日,而时间范围从 0:00:00—23:59:59。

用一对"#"符号括起来,作为日期型数值常量,例如 #01/02/10#、#January 2,2010#、#2010-1-2 14:30:00 PM# 都是合法的日期型常量。

2. 符号常量

在程序中,某个常量多次被使用,则可以使用一个符号来代替该常量,这样不仅在书写上方便,而且有效地改进程序的可读性和可维护性。VB 中用户使用关键字 Const 来给符号常量分配名字、值和类型。其声明语法如下:

Const 常量名 [As 数据类型] = 常数表达式

例如:

```
Const PI As Double = 3.14159        '声明双精度型常量 PI,代表 3.14159
```

3. 系统内部定义常量

内部或系统定义常数是 VB 应用程序和控件提供的。它们存放于系统的对象库中,可以通过"视图"菜单中的"对象浏览器"命令浏览系统内置常量。这些常量与应用程序的对象、方法和属性一起使用,一般以 Vb 为前缀,如 VbBlue 为蓝色。

例如,要将文本框 Text1 的前景颜色设置为蓝色,可以使用下面的语句:

```
Text1.ForeColor = VbBlue
```

这里的 VbBlue 就是系统常量。这比直接使用十六进制数($\&$HFF0000)来设置要直观得多。

3.3.2　变量

在 VB 中,用变量来表示程序运行过程中其值可发生变化的量。变量名表示其中存储的数据,变量类型表示其中存储的数据类型。每个变量必须有一个唯一的名字和相应的数据类型。

1. 变量的命名规则

(1) 以字母或汉字开头,后可跟字母、数字或下划线组成;

(2) 变量名最长为 255 个字符;

(3) VB 中不区分变量名的大小写,不能使用 VB 中的关键字;

(4) 字符之间必须并排书写,不能出现上下标。

以下标识符是合法的变量名:a,x,x3,BOOK_1,sum5。

以下标识符是非法的:3s(以数字开头),s * T(出现非法字符 *),-3x(以减号开头),bowy-1(出现非法字符-(减号))if(使用了 VB 的关键字)。

2. 变量声明

1) 显式声明

显式声明是指每个变量必须事先作声明才能够正常使用,否则会出现错误警告。声明形式如下:

```
Dim 变量名 [AS 类型]
```

或

```
Dim 变量名[类型符]
```

例如:

```
Dim ab As integer, sum As single '声明变量 ab 为整型,变量 sum 为单精度,等价于 Dim ab%, sum!
```

2) 隐式声明

在 VB 中变量不加任何声明而直接使用,称为隐式声明。用户在编写应用程序时,系统临时为新变量分配存储空间并使用。所有隐式声明的变量都是 Variant 数据类型。VB 根据程序中赋予变量的值来自动调整变量的类型。这种方法虽然简单。但容易在发生错误时被系统误解,不便于初学者学习使用。

例如:下面是一个很简单的程序,其使用的变量 a,b,Total 都没有事先定义。

```
Private Sub Form_Click()
Total = 0
a = 10: b = 20
Total = a + b
Print "Total = "; Total
End Sub
```

3）强制显式声明——Option Explicit 语句

良好的编程习惯应该是"先声明变量,后使用变量",这样做可以提高程序的效率,同时也使程序易于调试。VB 中可以强制显式声明,即在窗体模块、标准模块和类模块的通用声明段中加入语句:Option Explicit。

在"工具"菜单中选择"选项"菜单项,在弹出的"选项"对话框中单击"编辑器"选项卡,选择"要求变量声明"复选框,如图 3.1 所示。当下次启动 VB 后,就在任何新模块中自动插入了 Option Explicit 语句。

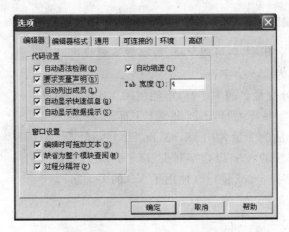

图 3.1　Option Explicit 设置图

3.4　运算符与表达式

运算符在任何一门程序设计语言中都是必不可少的。通过运算符组成的表达式可以表现各式各样的操作。运算符是代表某种运算功能的符号。程序会按照运算符的含义和相应规则进行实际的运算操作。

表达式由常量、变量、运算符、函数和圆括号按照一定规则组成,用于执行运算、处理字符或测试数据,返回的结果可能是数字类型的数据,也可能是字符串类型或其他类型的数据,其结果类型和运算符决定表达式类型有算术表达式、字符串表达式、关系表达式和逻辑表达式。

3.4.1　算术运算符与算术表达式

1. 算术运算符

针对数值型数据或其他相容数据对象进行算术运算的符号。VB 提供 8 种算术运算符,各算术运算符的运算规则及优先级如表 3.2 所示。

表 3.2 算术运算符

运算符	含义	举例	结果	优先级
^	幂	3^3	27	1
—	负号	−4−3	−7	2
*	乘	5*4	20	3
/	除	25/5	5	3
\	整除	20\3	6	4
Mod	取模	20 Mod 6	2	5
+	加	5+5	10	6
—	减	10−5	5	6

2. 算术表达式

由算术运算符、括弧、内部函数及数据组成的式子称为算术表达式。式子中运算符与操作数必须并排书写,不能出现上下标和分数线,乘号不能省略,如表 3.3 所示。

表 3.3 算术表达式示例

数学式子	算术表达式
$x^2 + y^2$	x*x+y*y
$\dfrac{a+b}{a-b}$	(a+b)/(a−b)
$\dfrac{b \sqrt{b^2 \cdot 4ac}}{2a}$	(b−sqr(b*b−4*a*c))/(2*a)

3.4.2 字符串运算符与字符串表达式

字符串运算符有:&、+。功能是将两个字符串连接起来。例如:

```
"ABCD" + "12345"          '结果为:"ABCD12345"
"VB"&"程序设计"           '结果为:"VB 程序设计"
```

说明:当连接符两旁的操作量都为字符串时,上述两个连接符等价。它们的区别是:

+连接运算:两个操作数均应为字符串类型。若其中一个为数字字符型("123"),另一个为数值型,则自动将数字字符型转换为数值型,然后进行算术加法运算。若其中一个为非数字字符型,另一个为数值型,则出错。

&连接运算:两个操作数既可为字符型也可为数值型,当是数值型时,系统自动先将其转换为数字字符,然后进行连接操作。例:

```
"123" + 123               '结果为 246
"123" + "123"             '结果为"123123"
"Abc" + 123               '出错
"123" & 123               '结果为 123123
123 & 123                 '结果为 123123
"Abc" & "123"            '结果为"Abc123"
```

"Abc" & 123　　　　　　　　　　　　　　' 结果为"Abc123"

注意：使用运算符"&"时，变量与运算符"&"之间应加一个空格。这是因为符号"&"还是长整型的类型定义符，如果变量与符号"&"接在一起，VB系统先把它作为类型定义符处理，因而就会出现语法错误。

3.4.3　关系运算符与关系表达式

关系运算符用来比较两个运算量之间的关系，由关系运算符与关系量组成的有意义的式子称为关系表达式。

关系表达式的运算结果为逻辑量。若关系成立，结果为True，若关系不成立，结果为False。VB中的关系运算符如表3.4所示。

表 3.4　关系运算符

运算符	含义	举例	结果
>	大于	10>8	True
<	小于	10<8	False
>=	大于或等于	20>=10	True
<=	小于或等于	10<=20	True
<>	不等于	5<>4	True
=	等于	5=7	False
Like	字符串匹配	"abc" Like "abc*"	True

关系运算的规则如下：

(1) 当两个操作式均为数值型时，按数值大小比较。

(2) 字符串比较，则按字符的ASCII码值从左到右一一进行比较，直到出现不同的字符为止。例："ABCDE" > "ABRA" 结果为False。

(3) 数值型与可转换为数值型的数据比较，如：29>"189"，按数值比较，结果为False。

(4) 数值型与不能转换成数值型的字符型比较，如：77>"sdcd"，不能比较，系统出错。

(5) Like运算符使用格式为：str1 Like str2。str2是模式，通过Like运算查看str1与str2是否匹配，匹配结果为True，否则结果为False。在Like表达式中可以使用通配符，如表3.5所示。

表 3.5　模式串通配符

通配符	含义	举例	结果
?	表示任何一个字符	"abc" Like "ab?"	True
*	表示零个或多个任意字符	"abc" Like "abc*"	True
#	表示任何一个数字	"ab1" Like "ab#"	True
[字符列表]	表示字符列表中任一字符	"ab" Like "a[bcd]"	True
[!字符列表]	表示不在字符列表中任一字符	"ab" Like "a[!bcd]"	False
[字符1-字符2]	表示字符1～字符2之间的任何一个字符	"abz" Like "ab[x-z]"	True
[!字符1-字符2]	表示不在字符1～字符2之间的任何一个字符	"abc" Like "ab[!d-g]"	True

3.4.4　逻辑运算符与逻辑表达式

逻辑运算符用于判定操作数之间的逻辑关系,结果是逻辑值。逻辑运算符有：Not、And、Or、Xor、Eqv 和 Imp。各运算符含义及运算优先级如表 3.6 所示。

表 3.6　逻辑运算符

运算符	含义	举　例	结果	说　明	优先级
NOT	非(取反)	Not True	False	操作数为真结果为假,操作数为假	1
		Not False	True	结果为真	
AND	与	True and True	True	仅当两个操作数均为真时,结果为	2
		True and False	False	真,只要有一个操作数为假,结果 为假	
OR	或	True or True	True	只要两个操作数中有一个为真,结	3
		False or False	False	果为真,其余为假	
Xor	异或	True Xor True	False	仅当两个操作数一真一假时结果	3
		True Xor False	True	为真,两个操作数相同即为假	
Eqv	等价	True Eqv False	False	仅当两个操作数同真同假时结果	4
		False Eqv False	True	为真,其余为假	
Imp	蕴含	True Imp False	False	仅当第 1 个操作数为真,第 2 个为	5
		False Imp True	True	假时结果为假,其余为真	

说明：

(1) 逻辑运算符的优先级不相同,Not(逻辑非)最高,但它低于关系运算,Imp(逻辑蕴含)最低。

(2) VB 中常用的逻辑运算符是 Not、And 和 Or。它们用于将多个关系表达式进行逻辑判断。

例如：

数学上表示某个数在某个区域时用表达式：$10 \leqslant X < 20$。用于 VB 程序中应写成：$X >= 10$ And $X < 20$。如果写成如下形式将是错误的：$10 <= X < 20$ 或 $10 <= X$ Or $X < 20$。

例：用人单位招聘秘书：年龄小于 40 岁,女性,学历专科或本科。

用于 VB 程序中应写成：

年龄<= 39 and 性别 = "女" and (学历 = "专科" or 学历 ="本科")

3.4.5　表达式的运算顺序与书写规则

表达式中出现了多种不同类型的运算符时,其运算符优先级如下：

算术运算符＞字符运算符＞关系运算符＞逻辑运算符

说明：

(1) 当一个表达式中出现多种运算符时,首先处理算术运算符,接着处理字符串连接运算符,然后处理比较运算符,最后处理逻辑运算符。

(2) 可以用括号改变优先顺序,强令表达式的某些部分优先运行。括号内的运算总是优先于括号外的运算。对于多重括号,总是由内到外进行处理。

(3) 表达式的书写中需注意的问题:

① 运算符不能相邻。例如,a+ * b 是错误的。

② 乘号不能省略。例如,x 乘以 y 应写成:x * y。

③ 括号必须成对出现,均使用圆括号。

④ 表达式从左到右在同一基准并排书写,不能出现上下标。

⑤ 要注意各种运算符的优先级别,为保持运算顺序,在写 VB 表达式时需要适当添加括号,若用到库函数必须按库函数要求书写。

3.5 常用内部函数

为了方便编程时表达的需求,VB 提供了上百种内部函数(库函数),以便用户在需要时进行相应的调用。

内部函数按其功能和用途大致可以分为:数学函数、字符串函数、类型转换函数、日期时间函数、格式输出函数和测试函数等。

为了书写及用户阅读方便,下面用 N 表示数字表达式,C 表示字符串,D 表示日期时间。

函数调用方法:

```
函数名(参数列表)            '有参数函数调用
函数名                      '无参数函数调用
```

说明:

(1) 使用库函数要注意参数的个数及参数的数据类型。

(2) 要注意函数的定义域(自变量或参数的取值范围)。

例如:Sqr(x),要求 x>=0。

(3) 要注意函数的值域。

例如:exp(710) 的值就超出实数在计算机中的表示范围。

3.5.1 数学函数

数学函数是完成数学计算的函数,常用的数学函数如表 3.7 所示。

表 3.7 常用数学函数

函 数 名	返 回 类 型	说 明	举 例	结 果
Sin(n)	Double	返回弧度 n 的正弦值	Sin(3.14159/6)	0.5
Cos(n)	Double	返回弧度 n 的余弦值	Cos(3.14159/3)	0.5
Tan(n)	Double	返回弧度 n 的正切值	Tan(3.14159/4)	1
Atn(n)	Double	返回弧度 n 的反正切值	Atn(1)	0.78539……
Abs(n)	同 n 类型	返回实数 n 的绝对值	Abs(−3.1)	3.1
Exp(n)	Double	返回常数 e 的 n 次幂	Exp(1)	2.71828……

函　数　名	返回类型	说　　明	举　　例	结　　果
Log(n)	Double	返回实数 n 的自然对数	Log(1)	0
Sqr(n)	Double	返回 n 的平方根	Sqr(16)	4
Sgn(n)	Integer	返回实数 n 的符号	Sgn(-100)	-1
Int(n)	Integer	返回不大于 n 的最大整数	Int(-4.6)	-5
Fix(n)	Integer	返回 n 的整数部分	Fix(-3.6)	-3
Rnd(n)	Single	返回[0,1)之间的随机数	Rnd	[0,1)之间的随机数
Round(n,m)	Double	返回对 n 的小数部分 m+1 位四舍五入,保留 m 个小数位后的值	Round(2.487,2)	2.49

说明:

(1) 在三角函数中的自变量是以弧度为单位。

例如,数学式 Sin30°对应于 VB 的表达式为 Sin(30 * 3.14159/180)。

(2) Rnd 函数可以没有自变量,它返回[0,1)(包括 0 和不包括 1)之间的双精度随机数。若要产生 1～100 的随机整数:Int(Rnd * 100)+1。产生[m,n]区间的随机整数,可以表示为:Int((n−m)+1)) * Rnd+m。默认情况下,每次执行产生随机数的初始值(称为种子)是相同的,则产生相同的随机序列,每次运行若要产生不同的随机序列,使用 Randomize 语句。

(3) 要区别两个取整函数 Int()和 Fix()。

Fix(n)为截断取整,即去掉小数点后的数。

Int(n)为取不大于 n 的最大整数。

当 n>0 时,Fix(n)与 int(n)相同,当 n<0 时,Int(n)与 Fix(n)−1 相等。

例如:Fix(9.59)=9,Int(9.59)=9,Fix(−9.59)=−9,Int(−9.59)=−10。

思考:如何实现实数的四舍五入取整?

3.5.2　字符串函数

字符串函数为用户编程时处理字符类型的变量提供了极大的方便。常用的字符串函数如表 3.8 所示。

表 3.8　常用字符串函数

函　数　名	返回类型	说　　明	举　　例	结　　果
Ltrim[$](C)	String	删除串 C 左端空格后的字符串	Ltrim $ (" myname")	"myname"
Rtrim[$](C)	String	删除串 C 右端空格后的字符串	Rtrim $ ("myname ")	"myname"
Trim[$](C)	String	删除串 C 前导和尾空格后的字符串	Trim $ (" myname ")	"myname"
Left[$](C,N)	String	从串 C 的左端开始的 N 个字符	Left $ ("myname",2)	"my"

续表

函 数 名	返回类型	说 明	举 例	结 果
Right[$](C,N)	String	从串 C 的右端开始的 N 个字符	Right $ ("myname",4)	"name"
Mid [$] (C, N1, [N2])	String	串 C 从第 N1 个字符开始的 N2 个字符或到串 C 尾的字符组成的串	Mid $ ("myname",3,2) Mid $ ("myname",3)	"na" "name"
Len(C)	integer	串 C 的长度	Len("myname=张三")	9
LenB(C)	integer	串 C 的字节数	LenB("myname=张三")	18
Instr[$]([N1],C1, C2 [,M])	String	在串 C1 中从第 N1 个字符开始找串 C2 并返回串 C2 在串 C1 中的开始位置	Instr(3, "SADF ","DF ")	3
String[$](N,C)	String	串 C 中第一个字符重复 N 次组成的串	String(3, "ABCDEF ")	"AAA"
Space[$](m)	String	m 个空格组成的串	Space(2)	" "
Lcase[$](C)	String	将串 C 中字母变为小写后的串	Lcase("AbC")	"abc"
Ucase[$](C)	String	将串 C 中字母变为大写后的串	Ucase("AbC")	"ABC"

说明：如果返回的是字符型，则函数后有"＄"字符。当然一般也可以不写，但习惯都写上。例如：

```
len("This is a book!")              15
Left $ ("ABCDEFG",3)                "ABC"
Right $ ("ABCDEFG",3)               "EFG"
Mid $ ("ABCDEFG",2,3)               "BCD"
Ucase("ABcd")                       "ABCD"
Lcase("ABcd")                       "abcd"
Trim(" Abcd ")                      "Abcd"
String(5, "A " )                    "AAAAA"
InStr(2, "ABCDEFGEF", "EF")         5(第一次出现的位置)
```

3.5.3 日期与时间函数

日期与时间函数不仅可以返回系统的日期与时间，而且能从给定的日期型数据中提取年、月、日、时、分、秒，计算星期几等信息，是应用较广泛的内部函数。常用的日期时间函数如表 3.9 所示。

表 3.9 常用日期与时间函数

函数名及格式	返回类型	说明	举例	结果
Now[()]	date	系统日期和时间	Now	2010-02-14 17:26:07
Date[()]	date	系统日期(yy-mm-dd)	Date $ ()	2010-02-14
Day(C|D)	integer	给定日期串的号数	Day(#2010-2-5#)	5
Month(C|D)	integer	月份	Month(#2010-2-5#)	2

续表

函数名及格式	返回类型	说明	举例	结果
Year(C|D)	integer	年份(100~9999)	Year(#2010-2-5#)	2010
Hour(C|D)	integer	小时(0~23)	Hour(Now)	17(由系统决定)
Minute(C|D)	integer	分钟(0~59)	Minute(Now)	26(由系统决定)
Second(C|D)	integer	秒(0~59)	Second(Now)	07(由系统决定)
Timer[()]	integer	从午夜起的秒数	Timer	62767
Time[()]	date	系统时间(hh:mm:ss)	Time	17:26:07

注：C|D为字符串或日期型。

3.5.4 转换函数

常用的转换函数如表3.10所示。

表3.10 常用转换函数

函 数 名	返回类型	说　　明	举　　例	结　　果
Cbool(C|N)	Boolean	给定值转换为逻辑值	Cbool("7")	TRUE
Cbyte(C|N)	Byte	给定值转换为字节型	Cbyte("12")	12
Ccur(C|N)	Currency	给定值转换为货币型	Ccur(12.34)	12.34
Cdate(C|N)	Date	给定值转换为日期型	Cdate(11. 5)	1900-1-10 12:00:00
Cdbl(C|N)	Double	给定值转换为双精度型	Cdbl(12.45)	12.45
Cint(C|N)	Integer	给定值转换为整型	Cint(12.56)	13
Clng(C|N)	Long	给定值转换为长整型	Clng(12.57)	13
Csng(C|N)	Single	给定值转换为单精度型	Csng(12.88)	12.88
Cstr(N)	String	给定值转换为字符串型	Cstr(12.19)	"12.19"
Str[$](N)	String	给定值转换为字符串型	Str(12.19)	"12.19"
Val(C)	Double	数值字符串转换为双精度型	Val("12.45")	12.45
Chr[$](N)	String	ASCII 码转换为对应字符	Chr(68)	"D"
Asc(C)	Integer	字符转换为对应 ASCII 码	Asc("a")	97

注：C|N为字符串或数字。

说明：

(1) Asc("Abcd")值为：65(只取首字母的 ASCII 码值。

(2) Val("abc123")值为：0；Val("1.2sa10")值为1.2。

注意：Val( )函数只将最前面的数字字符转换为数值。

(3) Cdate(11. 5)值为：1900-1-10 12:00:00,其中日期与11有关,时间与5有关。

3.5.5 格式输出函数

语法格式如下：

Format(表达式[,"格式字符串"])

功能：按用户指定格式返回表达式,常在 Print 方法中使用。

使用形式如下：

```
Print Format(表达式[,"格式字符串"])
```

其中：表达式为要输出的内容，可以是数值、日期或字符串型表达式。

格式字符串：表示输出表达式时采用的输出格式。不同数据类型所采用的格式字符串是不同的。

(1) 数值型数据格式符号(见表 3.11)。

表 3.11　常用数值格式符号及用法

符号	含　义	数值表达式	格式字符串	结果
0	数字占位符，当实际位数小于符号位数，以 0 补齐	12345.678	0000.00 000000.000	12345.68 012345.678
#	数字占位符，当实际位数小于符号位数，按实际位数显示	12345.678	####.## ######.###	12345.68 12345.678
.	加小数点	12345	000.0	12345.0
%	百分数显示	12.3456	####.##	1234.56%
,	加千分符	12345.678	###,###.###	12,345.678
E+ E−	用指数表示	12345.678 0.1234	0.00E+ 0.00E−	1.23 E+4 1.23 E−1
+	在数字前加+	12345.678	+###.##	+12345.68
−	在数字前加−	12345.678	−###.##	−12345.68
\	取消后的格式符，使其成为普通字符	12345.678	0000.00\#	12345.68#

注意：对于符号：0 与 #，当数值的实际位数比格式控制给定的位数多时，系统将按四舍五入返回给定的位数。

例如：Format(3.14159,"###.###")，其值为 3.142；Format(3.14159,"000.000")，其值为 003.142。

(2) 日期和时间型数据格式符号(见表 3.12)。

表 3.12　常用日期、时间格式符号含义

符　号	含　义	符　号	含　义
: / −	原样显示	y	一年中的第几天(1~366)
d	无前导 0 显示日(1~31)	yy	两位数显示年(00~99)
dd	有前导 0 显示日(1~31)	yyyy	四位数显示年
ddd	英文简写形式星期名(Sun~Sat)	h	无前导 0 显示时(0~23)
dddd	英文全称形式显示星期名	hh	有前导 0 显示时(0~23)
ddddd	系统短日期格式	m	无前导 0 显示分(0~59)
dddddd	系统长日期格式	mm	有前导 0 显示分(0~59)
w	数字表示星期(1—周日、7—周六)	s	无前导 0 显示秒(0~59)
ww	一年中的第几个星期(1~53)	ss	有前导 0 显示秒(0~59)
m	无前导 0 显示月(1~12)	Ttttt	系统时间格式
mm	有前导 0 显示月(1~12)	AM/PM	时间显示中包含 AM/PM
mmm	英文简写显示月(Jan~Dec)	am/pm	时间显示中包含 am/pm
mmmm	英文全称显示月	q	一年中的第几季(1~4)

说明：

缺省日期格式为：mm/dd/yy。

缺省时间格式：hh:mm:ss。

(3) 字符串类型数据格式化(见表 3.13)。

表 3.13　常用字符串格式符号

符　号	含　义	数值表达式	格式字符串	结果
<	以小写显示	"ABCD"	"<"	abcd
>	以大写显示	"Abcd"	">"	ABCD
@	占位符，实际位数小于符号位数，字符前加空格	"ABCD"	"@@@@@@"	" ABCD"
&	实际位数小于符号位数，字符前不加空格	"ABCD"	"&&&&&&"	"ABCD"

3.5.6　Shell 函数

格式如下：

```
Shell(命令字符串[,窗口类型])
```

功能：调用其他可执行程序，扩展名为：.exe,.com,.bat；"命令字符串"是可执行程序全名，包括路径；"窗口类型"表示执行程序的窗口大小，一般取 1，表示正常窗口状态。窗口类型的取值如表 3.14 所示。

表 3.14　窗口类型取值表

值	常　量	含　义
0	vbHide	窗口被隐藏，且焦点会移到隐式窗口
1	vbNormalfocus	窗口具有焦点，并以它原来的大小和位置显示
2	vbMinimizedfocus	窗口以具有焦点的图标显示于任务栏
3	vbMaximizefocus	窗口是一个具有焦点的最大化窗口
4	vbNormalNofocus	窗口被还原到最近使用的大小和位置，不改变活动窗口
5	vbMinimizedNofocus	窗口以图标显示，不改变活动窗口

例如：调用 c:\windows 下的计算器，a=Shell("c:\windows\system32\cacl.exe")。

3.5.7　其他函数

除上面常用函数外，还有一些其他常用函数，如表 3.15 所示。

表 3.15　其他函数

函　数　名	功　能	返回值类型
IsNull(E)	测试表达式是否不包括任何有效数据	Boolean
IsNumeric(E)	测试表达式结果是否是数值	Boolean
Eof(N)	测试文件指针是否到达文件结束标志	Boolean
IsArray(V)	检查变量是否为数组	Boolean
IIf(E,E1,E2)	若 E 为真，返回 E1，否则返回 E2	由表达式 E1 或 E2 类型决定
UBound(array,[n])	返回一个指定数组第 n 维可用的最大上标(上界)	Double
LBound(array,[n])	返回一个指定数组第 n 维可用的最小下标(下界)	Double

习题 3

3.1　思考题

1. VB 编码规则有哪些？

2. 基本数据类型有哪些？

3. 有哪几种表达式,它们运算的优先顺序是怎样的？

4. 有哪几种内部函数？ 常用的有哪些？

3.2　单选题

1. 下面赋值语句错误的是＿＿＿＿＿＿＿＿。

A. Myv1＆＝5＊a％\3＋a％ Mod b％　　　B. Myv2％＝5＊a％\3＋a％ Mod b％

C. Myv3＆＝"5＊a％\3＋a％ Mod b％"　　　D. Myv4 ＄＝5＊a％\3＋a％ Mod b％

2. 下列数据中,＿＿＿＿＿＿＿＿是 Boolean 常量。

A. 123　　　　　B. And　　　　　C. True　　　　　D. Or

3. I 被 j 整除的逻辑表达式是＿＿＿＿＿＿＿＿。

A. I/j＝0　　　　B. I\j＝0　　　　C. I＜＞j　　　　D. I Mod j＝0

4. 可以实现从字符任意位置截取字符的函数是＿＿＿＿＿＿＿＿。

A. Instr　　　　B. Mid　　　　C. Left　　　　D. Right

5. 在 Form_Click 事件中执行 Print Format(1236.54,"＋＃＃,＃＃0.0％")语句的正确结果是＿＿＿＿＿＿＿＿。

　　A. 123456　　　　　　　　　　B. ＋123,654.0％

　　C. ＋123,654％　　　　　　　　D. 123,654

6. 表达式 4＋5\6＊7/8 Mod 9 的值为＿＿＿＿＿＿＿＿。

A. 4　　　　　B. 5　　　　　C. 6　　　　　D. 7

7. a＝"Visual Basic",下面使 b＝"Basic"的语句是＿＿＿＿＿＿＿＿。

A. b＝Left(a,8,12)　　　　　　B. b＝Mid(a,8,5)

C. b＝Right(a,5,5)　　　　　　D. b＝Left(a,8,5)

8. 可用于设置系统当前时间的语句是＿＿＿＿＿＿＿＿。

A. Date　　　　B. Date＄　　　　C. Time　　　　D. Timer

9. 下面的运算符中优先级最高的是＿＿＿＿＿＿＿＿。

A. Not　　　　B. \　　　　C. ＜　　　　D. ＊

3.3　填空题

1. VB 中的注释语句为＿＿＿＿＿＿＿＿；VB 的续行符为＿＿＿＿＿＿＿＿；若要在一行书写多条语句,各语句间应加分隔符,VB 的语句分隔符为＿＿＿＿＿＿＿＿。

2. 在 VB 中,字符型常量应用_____符号将其括起来,日期型常量应用_____符号将其括起来。

3. 隐式声明字符型变量应使用_____符号,整型变量应使用_____符号。

4. 可实现将字符串小写转换成大写的函数是_____。

5. 代数表达式为(ln(1＋d^2)－e^2)^(5/2),则对应的 VB 表达式是_____。

6. 将十进制数 75 用八进制表示为_____,用十六进制数表示为_____。

第4章 VB语言程序结构

本章知识点：顺序结构、选择结构和循环结构，常用算法的应用。

本章介绍程序最基本的结构，从简单的输入输出顺序开始，然后是选择分支，到有一定算法的程序，由浅入深、循序渐进。

4.1 顺序结构程序设计

顺序结构就是整个程序按书写顺序依次自上而下执行。顺序结构如图 4.1 所示，先执行 A，再执行 B，自上而下依次运行。通常在顺序结构中包括赋值语句、输入语句和输出语句。

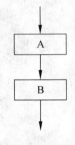

图 4.1　顺序结构
流程图

4.1.1 赋值语句

赋值语句是 VB 中使用最频繁的语句之一，它可以为变量赋值，也可以在程序代码中为对象属性赋值。赋值语句一般形式如下：

变量名 = 表达式
对象.属性 = 表达式

功能：完成"表达式"的计算，将计算结果赋值给等号左侧的变量或对象的属性。例如：

```
x = 1                          '把 1 赋给变量 x
Text1.text = "hello!"          '把字符串"hello!"赋给文本框 Text1 的 text 属性
```

说明：

(1) 赋值语句执行过程：先求"表达式"的值，然后将值赋给左边的变量。

(2) 右边的"表达式"可以是变量、常量或函数调用等特殊的表达式。

(3) 不要将"="理解为数学上的等号，例如：

```
x = x + 1                      '是表示将 x 单元的值加 1 后以放回到 x 单元
```

(4) 赋值符号"="左边一定只能是变量名或对象的属性引用，不能是常量、符号常量或表达式。

下面的赋值语句都是错的：

```
5 = x                          '左边是常量
```

```
Abs(x) = 20                          '左边是函数调用，即是表达式
```

（5）赋值符号"＝"两边的数据类型一般要求应一致。否则，将"表达式"的值的类型转换为左边变量的类型。例如：

```
x % = 123            'x 中的结果为整数 123
```

4.1.2　数据输入

VB 程序执行过程中，用户主要通过 3 种方式实现数据输入：使用文本框控件，使用系统提供的 InputBox 函数，使用磁盘数据文件。文本框控件已在前面介绍过，磁盘数据文件将在第 8 章中介绍，本节主要介绍 InputBox 函数。函数格式如下：

```
变量名 $ = InputBox(提示信息，对话框标题，缺省值)
```

其功能是弹出输入对话框，供用户输入一个数据。其中：

提示信息：不可省略，是一个字符串表达式，最大长度不超过 1024 个字符，用来提示用户输入相关内容，可使用 Chr(13)＋Chr(10)实现换行。

对话框标题：是字符串表达式，可省略，默认为应用程序名。

缺省值：是显示在对话框输入区的默认值。

例如，

```
Dim x%
    x = Val(InputBox("请输入一个数","输入框","100 "))
```

在屏幕上显示如图 4.2 所示的对话框。

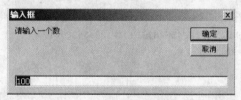

图 4.2　InputBox 对话框

4.1.3　数据输出

在 VB 的输出操作中，包括对文本信息的数据输出操作和对图形图像的数据输出操作。其中对文本信息的数据输出操作可以运用文本框控件或标签控件来实现，也可以利用下面的 Print 方法、MsgBox 函数和 MsgBox 方法来完成。

1. Print 方法

Print 方法的一般格式如下：

```
[对象名.]Print[Spc(n)|Tab(n)][<输出项>][{,|; }]
```

说明：

（1）［对象名.］：可以是窗体名、图片框名，也可是"立即"窗口（Debug）。若省略对象，

则表示在当前窗体中输出。用 Print 方法在图片框和"立即"窗口对象中的输出与在窗体对象中的输出完全相同。

```
Print "Hello!"                  '信息"Hello!"输出在当前窗体
Debug.Print "Hello!"            '信息"Hello!"输出在立即窗体
Picture1.Print "Hello!"         '信息"Hello!"输出在图片框 Picture1 中
```

（2）,（逗号）：输出项分隔符，表示各项按标准格式输出，即以 14 个字符划分的区域中输出，每区域输出一项，输出位置定位于该区域首位置。

（3）;（分号）：输出项分隔符，表示各项按紧凑格式输出，即下一项输出紧接着本项输出的后面。

（4）Spc 函数：用来确定输出项之间的相对字符，相对前一个字符而言，n 是一正整数，表示字符数。例如，Print Spc (5);x; Spc (4);y。

（5）Tab 函数：用来确定输出项的开始输出位置，用 n 确定绝对位置，相对每行起始字符而言，在 Print 中可以使用多个 Tab，每个 Tab 中的 n 值应该是递增的。例如，Print Tab (5);x; Tab (10);y。

（6）输出项：任意类型的常量或有值变量或表达式，可以是用分隔符分隔的多个输出项。Print 方法具有计算和输出双重功能，若输出项是一个表达式，则先计算表达式的值，然后输出该值。

例 4.1　Print 方法在当前窗体中输出应用示例。

```
Private sub Form_click()
        Dim x as integer, y as single
        Dim a as string , b as string
        X = 1 : y = 9.9
        A = "a" : b = "b"
        Print "1234567890123＃1234567890123＃1234567890123＃"
        Print x; y; a; b
        Print x, y, a
        Print
        Print x; a
Print Tab(4); x; Tab(15); y
Print Spc(4); x; Spc(15); y
End sub
```

例 4.2　利用 Format 函数，使数据及时间以指定格式显示在窗体上。执行结果如图 4.3 所示。

```
Private sub Form_click()
        Print Format(1234.5, "00000.00")
        Print Format(3.14159, "###.###")
        Print Format(3.14159, "## %")
        Print Format(3.14159, "$ (###.##)")
        Print Format(12345.6, "###.##E+")
        Print Format(0.123 , "###.###e-")
        Print Format(date, "mm-dd-yy")
        Print Format(date, "yy 年 mm 月 dd")
End sub
```

```
01234.50
3.142
314%
$ (3.14)
123.46E+2
123.e-3
02-27-10
10年02月27
```

图 4.3　例 4.2 执行结果

2. MsgBox 函数和 MsgBox 方法

MsgBox 函数功能是在对话框中显示信息,并通过对话框中的选择,返回一个整数值,以确定其后续操作。语法格式为:

```
变量[%] = MsgBox(提示信息[,对话框类型][,标题])
```

MsgBox 方法与 MsgBox 函数功能相似,但没有返回值,故只用于显示信息。MsgBox 方法形式如下:

```
MsgBox 提示信息[,对话框类型][,标题]
```

说明:

(1)"标题"和"提示信息"与 InputBox 函数中对应的参数相同。

(2)"对话框类型"由"按钮＋图标 ＋缺省按钮＋模式" 4 项组成,是整型表达式,决定信息框按钮数目、出现在信息框上的图标类型及操作模式,如表 4.1 所示。

(3)若程序中需要返回值,则使用函数,否则可调用过程。

例如:i＝Msgbox("注意:你输入的数据不正确",2＋48＋0＋0,"错误提示"),结果如图 4.4 所示。

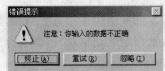

图 4.4　Msgbox 对话框

根据用户所选按钮,函数返回1~7整数值,其含义如表 4.2 所示。

表 4.1　对话框类型取值及含义

分　　组	内部常数	取　　值	描　　述
按钮数目	VBOKONLY	0	只显示"确定"按钮
	VBokcancel	1	显示"确定"及"取消"按钮
	VBabortretryignre	2	显示"终止"、"重试"及"忽略"按钮
	VByesnocancel	3	显示"是"、"否"及"取消"按钮
	VByesno	4	显示"是"及"否"按钮
	VBretrycancel	5	显示"重试"及"取消"按钮
图标类型	VBCritical	16	"停止"图标"×"
	VBQuestion	32	"问号"图标？
	VBExclamation	48	"惊叹号"图标！
	VBInformation	64	"信息"图标 i
默认按钮	VBDefaultButton1	0	第 1 个按钮为默认按钮
	VBDefaultButton2	256	第 2 个按钮为默认按钮
	VBDefaultButton3	512	第 3 个按钮为默认按钮
模式	VBApplicationModel	0	应用模式
	VBSystemModel	4 096	系统模式

表 4.2　函数返回值的含义

内部常数	返回值	单击按钮	内部常数	返回值	单击按钮
VBOk	1	确定	VBIgnore	5	忽略
VBCancel	2	取消	VBYes	6	是
VBAbort	3	终止	VBNo	7	否
VBRetry	4	重试			

例 4.3　设计一个程序,要求通过 Inputbox 函数输入一个华氏温度,然后将其转化为摄氏温度输出。转换公式:$C=(F-32)\times\dfrac{5}{9}$,显示结果保留两位小数。

编写代码如下:

```
Dim f as single,c as single
F = val(Inputbox("请输入华氏温度"))
C = (F - 32) * 5/9
Label1.caption = "输入一个华氏温度为: " & Format(f,"0.00")
Label2.caption = "相应的摄氏温度为: " & Format(c,"0.00")
```

4.2　选择结构程序设计

选择结构又称分支结构,用于判定和分支。如图 4.5 所示,根据判定的结果决定程序的流向。选择结构有几种形式,If…Then…Else 结构、Select Case 等结构。

4.2.1　If 语句

1. If…Then 语句(单分支结构)

格式:

```
If <表达式> Then
    语句块
End If
```

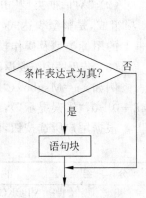

图 4.5　选择结构流程图

或

```
If <表达式> Then <语句>
```

例如,已知两个数 x 和 y,比较它们的大小,若 y 大于 x,则交换两数,使得 x 大于 y。

```
If x < y Then
    t = x : x = y: y = t
End If
```

或

```
If x < y Then t = x: x = y: y = t
```

例 4.4　设密码。用 If 语句来判定输入密码的正确性。

```
Private Sub Command1_Click()
    Dim a As String, b As String
    a = "111111"
    b = InputBox("请输入密码: ","密码对话框")
    If a = b Then
      MsgBox ("密码正确")
    End If
```

```
End Sub
```

2. If…Then…Else 语句（双分支结构）

格式 1：

```
If <表达式> Then
        <语句块 1>
    Else
        <语句块 2>
    End If
```

格式 2：

```
If <表达式> Then <语句 1> Else <语句 2>
```

例如：输出 x,y 两个中值较大的一个值。

```
IF x > y Then
    Print x
Else
    Print y
End If
```

也可以写成如下的单行形式：

```
IF x > y Then Print x Else Print y
```

例 4.5 计算下列分段函数的值。

$$y = \begin{cases} (1-x)^2 & x \geqslant 0 \\ x^2 - 1 & x < 0 \end{cases}$$

分析：对于此分段函数，由于包含 $x \geqslant 0$ 和 $x < 0$ 两种情况，因此可以选用双分支结构的 If 语句编程实现。

```
Private Sub Command1_Click()
    Dim x As Single, y As Single
    x = Val(InputBox("请输入 x:"))
    If x >= 0 Then
        y = (1 - x) ^ 2
    Else
        y = x ^ 2 - 1
    End If
    Print "y = "; y
End Sub
```

3. If…Then…ElseIf 语句（多分支结构）

格式如下：

```
If <表达式 1> Then
    <语句块 1>
```

```
ElseIf <表达式 2 > Then
    <语句块 2 >
        ...
[Else
    语句块 n + 1 ]
End If
```

结构流程图见图 4.6。

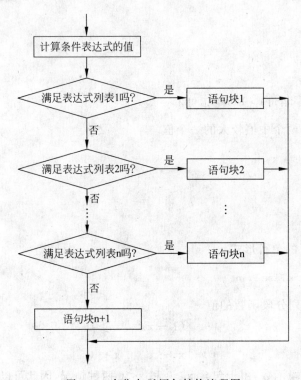

图 4.6　多分支 If 语句结构流程图

例 4.6　输入一学生成绩,评定其等级。方法是:90～100 分为"优秀",80～89 分为"良好",70～79 分为"中等",60～69 分为"及格",60 分以下为"不合格"。

使用 If 语句实现的程序段如下:

```
Private Sub Form_Click()
    Dim x As Integer
    x = Val(InputBox("请输入成绩:"))
    If x > = 90 Then
        Print "优秀"
    ElseIf x > = 80 Then
            Print "良好"
        ElseIf x > = 70 Then
                Print "中等"
            ElseIf x > = 60 Then
                    Print "及格"
                Else
                    Print "不及格"
```

```
        End If
End Sub
```

4.2.2 Select Case 语句

语句格式：

```
Select Case 条件表达式
    Case 表达式列表 1
        语句块 1
    Case 表达式列表 2
        语句块 2
        ...
    [Case Else
            语句块 n+1]
    End Select
```

说明：＜表达式列表＞与＜条件表达式＞是同类型的，为下面 3 种形式之一：

(1) 一组枚举表达式(用逗号分隔)：例如，2，4，6，8。

(2) 表达式 1 To 表达式 2：例如，60 To 100。

(3) Is 关系运算符表达式：例如，Is ＜ 60。

将例 4.6 使用 Select Case 语句来实现。

程序段如下：

```
Private Sub Form_Click()
Dim x As Integer
x = Val(InputBox("请输入成绩:"))
Select Case x
    Case 90 To 100
        Print "优秀"
    Case 80 To 89
        Print "良好"
    Case 70 To 79
        Print "中等"
    Case 60 To 69
        Print "及格"
    Case Else
        Print "不及格"
  End Select
End Sub
```

4.2.3 选择结构的嵌套

如果在选择结构中又出现 If 语句或 Select Case 语句，就是选择结构的嵌套，有如下情形：

(1)

```
IF ＜条件 1＞ Then
      IF ＜条件 2＞ Then
```

```
         …
      Else
         …
      End If
   Else
      IF <条件 3> Then
      …
      Else
      …
      End If
End IF
```

（2）

```
   IF <条件 1> Then
      Select Case … 条件 1_1
       Case 值 1_1
          IF <条件 2> Then
          …
          Else
             …
          End If
        Case … 值 1_2
      …
      End Select
   …
End IF
```

注意：只能在一个分支内嵌套，不出现交叉，满足结构规则，其嵌套的形式有很多种，嵌套层次也可以任意多。对于多层 If 嵌套结构中，要特别注意 If 与 End If 的配对关系，一个 End If 必须与 If 配对，配对的原则是：与它最近的 If 配对。在写含有多层嵌套的程序时，建议使用缩进对齐方式，这样容易阅读和维护。

例 4.7　在文本框中输入 1~100 之间的数字，如果输入非数字，或数字超界，给予提示，并重新输入。运行结果如图 4.7 所示。

图 4.7　例 4.7 运行结果

```
Private Sub Text1_KeyPress(KeyAscii As Integer)
If KeyAscii = 13 Then '回车键的 ascii 码值是 13
   If IsNumeric(Text1.Text) Then
      x = Val(Text1.Text)
      If x < 0 Or x > 100 Then
        Text1.Text = ""
          Text1.SetFocus
          Label1.Caption = "数字超界,重输入!"
      Else
          Label1.Caption = "数字输入正确!"
      End If
   Else
      Text1.Text = ""
      Text1.SetFocus
```

```
        Label1.Caption = "不是输入的数字!"
      End If
    End If
End If
End Sub
```

4.2.4 条件函数

VB 提供的条件函数: IIF 函数和 Choose 函数,用于简单的判断场合,IIF 函数可代替 If 语句,Choose 函数可代替 Select Case 语句。

1. IIF 函数

语法格式称为:

IIF(<条件表达式>,<值 1>,<值 2>)

功能: 先计算条件表达式的值,如果为真(True),IIF 函数返回值 1,如果为假(False),IIF 函数返回值 2。例如:

```
x = - 2: y = IIF (x>=0,x, - x)            'y 是 x 的绝对值
```

2. Choose 函数

语法格式如下:

Choose(<表达式>,<值 1>[,<值 2>…,<值 n>])

功能: 根据"表达式"的值来确定返回值列表中某个值。"表达式"的值为 1,返回"值 1",如果"表达式"的值为 2,返回"值 2",以此类推。例如:

```
x = Val(InputBox("请输入 1 - 6 之间整数"))
    Print Choose(x, "red", "yellow", "blue", "green", "black", "white") '用数字表示颜色
```

4.3 循环结构程序设计

循环结构就是用于执行重复操作的结构。在程序中如果遇到需要反复多次处理的问题,就可以使用循环结构来实现。VB 提供了多种不同风格的循环结构语句,包括 Do…Loop、For…Next、While…Wend、For Each…Next 等。

4.3.1 Do …Loop 循环

Do…Loop 循环流程图如图 4.8 所示。

1. 形式 1(当型循环)

```
Do [{ While|Until }<条件>]
    语句块
    [Exit Do]
    语句块
Loop
```

2. 形式2（直到循环）

```
Do
    语句块
    [Exit Do]
    语句块
Loop [{ While|Until} <条件>]
```

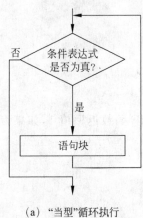

（a）"当型"循环执行

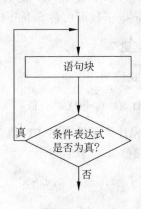

（b）"直到型"循环执行

图 4.8　Do…Loop 循环流程图

说明：

（1）当使用 While<条件>构成循环时，当条件为"真"，则反复执行循环体，当条件为"假"，则退出循环。

（2）当使用 Until <条件>构成循环时，当条件为"假"，则反复执行循环体，直到条件成立，即为"真"时，则退出循环。

（3）在循环体内一般应有一个专门用来改变"条件"表达式中变量的语句，以使随着循环的执行，条件趋于不成立（或成立），最后达到退出循环。

（4）语句 Exit Do 的作用是退出它所在的循环结构，它只能用在 Do…Loop 结构中，并且常常是与选择结构一起出现在循环结构中，用来实现当满足某一条件时提前退出循环。

（5）当省略{ While|Until} <条件>子句时，表示无条件循环，这时在循环体中要有 Exit Do 语句，否则为死循环。

例 4.8　用辗转相除法求两个自然数的最大公约数（gcd）和最小公倍数（lcm）。程序流程如图 4.9 所示。

```
Private Sub Form_Click()
    Dim n%, m%, nm%, r%
    m = Val(InputBox("m = "))
    n = Val(InputBox("n = "))
    nm = n * m
    If m < n Then t = m: m = n: n = t
    r = m Mod n
```

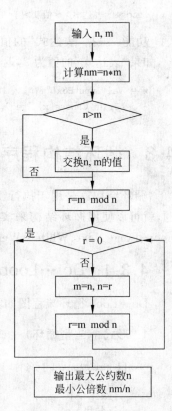

图 4.9　求最大公约数流程图

```
        Do While (r <> 0)
            m = n
            n = r
            r = m Mod n
        Loop
    Print "最大公约数 = ", n
    Print "最小公倍数 = ", nm / n
End Sub
```

用 Do Until…Loop 循环来实现例 4.8,程序代码如下:

```
Private Sub Form_Click()
    Dim n%, m%, nm%, r%
    m = Val(InputBox("m ="))
    n = Val(InputBox("n ="))
    nm = n * m
    If m < n Then t = m: m = n: n = t
     r = m Mod n
    Do Until (r = 0)
            m = n
            n = r
            r = m Mod n
    Loop
    Print "最大公约数 = ", n
    Print "最小公倍数 = ", nm / n
End Sub
```

4.3.2 For…Next 循环语句

For 循环语句一般用于循环次数已知的情况,其使用形式如下:

```
For 循环变量 = 初值 To 终值 [Step 步长]
    语句块
    [Exit For]
Next 循环变量
```

说明:"语句块"称为循环体。步长>0 时,初值<终值;步长=1 时,可省略;步长<0 时,初值>终值;步长=0 时,死循环,循环次数计算公式为

$$循环次数 = \text{Int}\left(\frac{终值 - 初值}{步长} + 1\right)$$

Exit For:退出循环,执行 Next 后的语句。语句执行流程如图 4.10 所示。

例如,For 循环语句如下:

```
For I = 2 To 13 Step 3
    Print I ,
Next I
Print "I = ", I
```

循环执行次数:int((13-2)/3+1)=4。

输出 I 的值分别为:

2   5   8   11

退出循环输出为：I＝14

例 4.9 编程计算：S＝1＋2＋3＋…＋100。

分析：这是一个多项数据求和的问题，设置一个变量 S 用于存放累加和（S 称为累加器）。

```
S = 0
S = S + 1
S = S + 2
S = S + 3
……
S = S + 100
```

这个过程归纳为 S＝S＋I（其中：I＝0 To 100），该语句一直执行，执行 100 次，每一次 I 不同（I＝I＋1）。于是循环初值 I＝1，终值 I＝100，步长为 1，循环体是语句 S＝S＋I，程序流程如图 4.11 所示，程序代码如下：

```
Private Sub Form_Click()
  Dim S% , I%
  S = 0                          ' 累加前变量 S 为 0
  For I = 1 To 100
    S = S + I
  Next I
  Print " S = "; Format(S, "0000")
End Sub
```

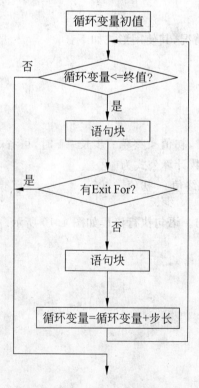

图 4.10 For 循环执行流程图

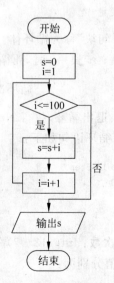

图 4.11 例 4.9 程序流程图

例 4.10　编写程序找出 1～2000 之间所有的同构数。所谓同构数是指一个数出现在它的平方数的右端,例如 6 出现在 6 的平方 36 的右端,则 6 为同构数。

```
Private Sub Form_Click()
   Dim i As Integer
   Dim m As String, n As String
   For i = 1 To 2000
      m = CStr(i)
      n = CStr(i ^ 2)
      If m = Right(n, Len(m)) Then
          Print i; "是同构数"
      End If
   Next i
End Sub
```

4.3.3　While…Wend 循环

使用格式如下:

```
While <条件 >
    <循环块>
Wend
```

说明:该语句的功能与 Do While <条件>…Loop 实现的循环完全相同。

例 4.11　从键盘输入一些字符数据,对输入的字符数据进行计数。当输入的字符为"＃"时,停止计数并输出结果。

分析:因为输入次数不定,故不使用 For 循环。

代码如下:

```
Private Sub Form_click()
    Dim c As String, n As Integer
    n = 0
    c = InputBox(" 输入字符: ")
    While Not (c = "＃")
      n = n + 1
      c = InputBox(" 输入字符: ")
    Wend
    Print "字符数是: "; n; "个"
End Sub
```

4.3.4　For Each…Next 循环

For Each…Next 语句类似于循环语句 For…Next,但 For Each…Next 语句是专门针对数组和对象集合而设置的。语法格式如下:

```
For Each 成员 In 数组
   语句块
```

```
    [Exit For]
Next 成员
```

其具体使用将在第 6 章节讲解。

4.3.5　循环嵌套——多重循环结构

如果在一个循环内完整地包含另一个循环结构,则称为多重循环,或循环嵌套。嵌套的层数可以根据需要而定,嵌套一层称为二重循环,嵌套二层称为三重循环。

上面介绍的几种循环控制结构可以相互嵌套,如图 4.12 所示是几种常见的二重循环形式:

```
For I = ....
        .....
    For J = ....
        ....
    Next J
    .....
Next I
```

(a)

```
For I = ....
        .....
    Do While/Until ....
        ....
    Loop
    .....
Next I
```

(b)

```
Do While....
        .....
    For J = ....
        ....
    Next J
    .....
Loop
```

(c)

```
Do While/Until....
        .....
    Do While/Until ....
        ....
    Loop
    .....
Loop
```

(d)

图 4.12　常见的二重循环形式

对于循环的嵌套,要注意以下事项:

(1) 内循环变量与外循环变量不能同名。

(2) 外循环必须完全包含内循环,不能交叉。

例 4.12　打印九九乘法表。程序运行结果如图 4.13 所示。

程序代码如下:

```
Private Sub Form_Click()
Dim i%, j%, jj$
For i = 1 To 9
    For j = 1 To 9
        jj = i & "×" & j & "=" & i * j
        Picture1.Print Tab((j - 1) * 9 + 2); jj;
    Next j
    Picture1.Print
```

```
    Next i
End Sub
```

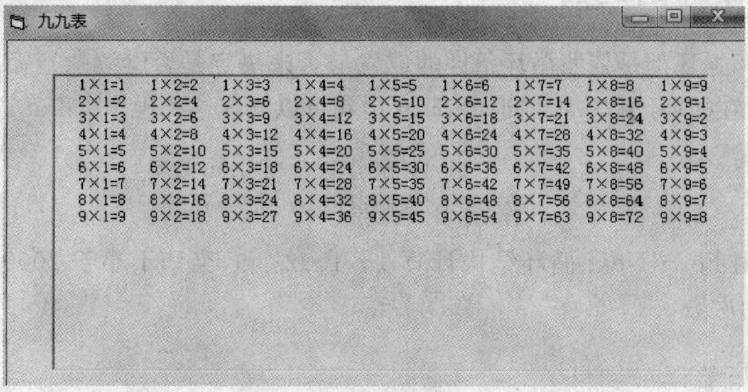

图 4.13　例 4.12 运行结果

说明：九九表输出到 Picture 控件上，Tab()函数的使用可以很好地控制输出格式。

例 4.13　使用循环语句在窗体中输出由 * 组成的简单图形。

```
Private Sub Form_Click()
    Dim n As Integer, i%, j%
    Cls                             '清屏
    n = Val(Text1.Text)             '输入组成图形的行数
    For i = 1 To n
      Print Tab(20);
      For j = 1 To i
       Print " * ";
      Next j
    Print
    Next i
End Sub
```

程序运行结果如图 4.14 所示。

例 4.14　编写组成金字塔图形的程序。

```
Private Sub Form_Click()
    Dim i%, j%, k%
        Do While i <= 7
            Print Tab(18 - i);
            j = i
            Do Until j < 1
                Print " * ";
                j = j - 1
            Loop
        Print
        i = i + 1
        Loop
End Sub
```

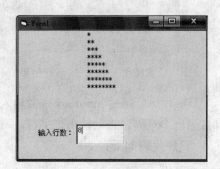

图 4.14　例 4.13 运行结果

程序运行结果如图 4.15 所示。

4.3.6　循环的退出

一般情况下,循环都是依照循环条件的成立与否来决定是否继续执行循环。但在实际应用中有时希望能在循环过程中提前退出,Exit 语句可以实现这种操作。Exit 语句格式如下:

```
Exit For                        '强制退出 For…Next 循环
Exit Do                         '强制退出 Do…Loop 循环
```

例 4.15　用 For…Next 循环结构计算 1～100 之和,当和不小于 2000 时终止循环,并输出实际循环的次数。

```
Private Sub Command1_Click()
    Dim s%, i%
    s = 0                       ' 累加前变量 S 为 0
    For i = 1 To 100
      s = s + i
      If s >= 2000 Then Exit For
    Next i
    Label2.Caption = s
    Label4.Caption = i
End Sub
```

程序运行结果如图 4.16 所示。

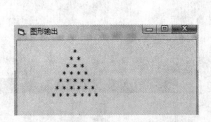

图 4.15　例 4.14 运行结果　　　　　　　图 4.16　例 4.15 运行结果

例 4.16　通过 Inputbox 函数输入字符作为测试条件,当输入 9 时,退出 For 循环,输入 E 时,退出 Do 循环,否则输出该字符,一直循环。

程序代码如下:

```
Private Sub Form_Click()
    Dim s As String, I As Integer
    Do
        For I = 1 To 10000
        s = InputBox("输入测试值: ")
        Select Case s
          Case "9"
              Exit For
```

```
            Case "E"
                Exit Do
            Case Else
                Print s
        End Select
        Next I
        Print "Exit for"
    Loop
    Print "Exit do"
End Sub
```

4.3.7 几种循环语句的比较

通常情况下,几种循环是可以相互转换的,但在使用它们时各有方便之处,除了 While…Wend 与 Do While…Loop 完全等价外,其他几种的区别如表 4.3 所示。

表 4.3 几种循环语句比较

循环语句	For…Next	Do While|Until…Loop	Do…Loop While|Until
循环类型		当型循环	直到型循环
循环条件	循环变量大于或小于终值	条件成立/不成立	条件成立/不成立
循环初值	在 For 语句中	在 Do 之前	在 Do 之前
使循环结束	Exit For	Exit Do	Exit Do
使用场合	循环次数易确定	条件易给出	条件易给出

4.4 常用算法举例

4.4.1 找最大值、最小值

例 4.17 随机产生 10 个 100～200 之间整数,并求其中最大值。程序运行结果如图 4.17所示。

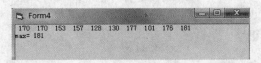

图 4.17 例 4.17 运行结果

分析:先产生一个随机数,假设这一个数是最大数(变量取名 max),然后再产生一个随机数,与 max 比较,大者存入 max,反复(循环)操作产生随机数、比较,这样比较完 10 个数后,max 中就放的是最大数了。

程序代码如下:

```
Private Sub Form_Click()
    Dim I As Integer, x As Integer, max As Integer
    Randomize '初始化随机数的种子数
```

```
        x = Int(Rnd * 100 + 100)
        max = x
        For I = 2 To 10
            Print x;
            x = Int(Rnd * 100 + 100)
            If x > max Then max = x
        Next I
        Print
        Print "max = "; max
    End Sub
```

4.4.2 素数问题

例 4.18 求 200 以内的素数。程序运行结果如图 4.18 所示。

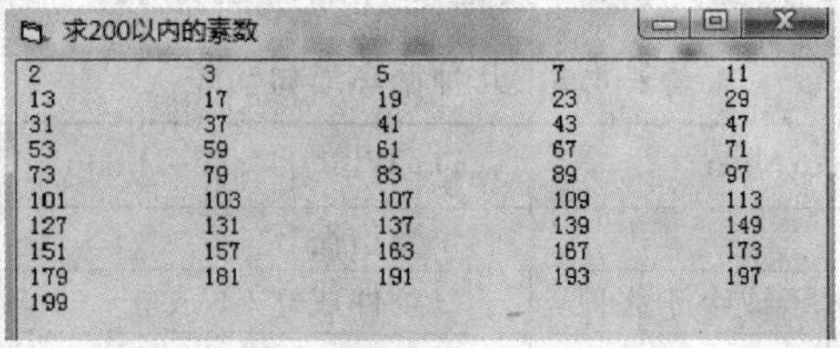

图 4.18 例 4.18 运行结果

分析：要判定某个数是否为素数，应先是对于是否是某范围内的数据的判定，用二重循环来实现：内循环是判定某数是否为素数，外循环依次列举该范围内的每个数。判定素数方法是：利用素数定义，从 2 到 n−1 之间整数依次去除 n，如果都不能整除，n 是素数，反之，若有一个除尽，n 就不是素数。

程序代码如下：

```
Private Sub Form_Click()
    Dim i%, j%, n%
    Form1.Caption = "求 200 以内的素数"
    Print 2,                        '2 是特例输出
    n = 1 '记素数的个数
    For i = 3 To 200 Step 2
        For j = 2 To i − 1
            If i Mod j = 0 Then
                Exit For
            End If
        Next j
        If j = i Then                '这个条件表示 i 一次也没被除尽,是素数
            Print i,
            n = n + 1
            If n Mod 5 = 0 Then Print
        End If
    Next i
End Sub
```

4.4.3　穷举法

穷举法的实现主要依赖于以下两个基本要点：

(1) 搜寻可能值的范围如何确定。

(2) 被搜寻可能值的判定方法。

对于被搜索的可能值，一般都是问题中所要查找的对象或者是要查找对象应该满足的条件，因而在问题中都会有清晰的描述。但对于搜寻范围，在有些问题里是比较确定的，而另外一些问题则是不确定的。

例 4.19　"百鸡百钱"问题。"鸡翁一，值钱五，鸡母一，值钱三，鸡雏三，值钱一；百钱买百鸡，问鸡翁、鸡母、鸡雏各几何?"编写程序，给出结果。程序运行结果如图 4.19 所示。

分析：设 x、y、z 分别表示鸡翁、鸡母、鸡雏的数目，根据题意，100 钱最多买鸡翁 20 只、买鸡母 33 只，鸡雏数为 100−鸡翁数−鸡母数，搜寻值得判定式为：$5 * x + 3 * y + (z / 3) = 100$。

程序代码如下：

```
Private Sub form_Click()
Dim x, y, z As Integer
For x = 1 To 20
 For y = 1 To 33
  z = 100 − x − y
  If 5 * x + 3 * y + (z / 3) = 100 Then
    Print                    "公鸡,母鸡,小鸡的数目分别为:"
    Print x, y, z
  End If
 Next y
Next x
End Sub
```

例 4.20　搬砖问题：36 块砖，36 人搬，男搬 4，女搬 3，两个小孩抬 1 砖。要求一次将所有的砖搬完，问需要男、女、小孩各多少? 程序运行结果如图 4.20 所示。

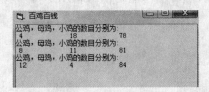

图 4.19　例 4.19 运行结果

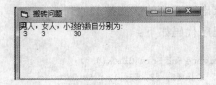

图 4.20　例 4.20 运行结果

分析：设男、女、小孩数量各为 m、w、c。本例与例 4.17 相似，重要的是确定男、女人数的可能范围，如果规定每人必须有砖，则男人的数量范围是 1～8，女人的数量范围是 1～11，小孩数量由 c=36−m−w 来确定。搜寻值的判定方法用下式表达：$4 * m + 3 * w + (c /2) = 36$

程序代码如下：

```
Private Sub Form_Click()
```

```
        Dim m, w, c As Integer
        For m = 1 To 8
            For w = 1 To 11
            c = 36 − m − w
            If 4 ∗ m + 3 ∗ w + (c / 2) = 36 Then
                Print                      "男人,女人,小孩的数目分别为:"
                Print m, w, c
            End If
            Next w
        Next m
    End Sub
```

4.4.4 迭代法

迭代就是一个不断地由变量的旧值按照一定的规律推出变量的新值的过程,迭代又称递推。

迭代法一般与 3 个因素有关,它们是:初始值,迭代公式,迭代结束条件(迭代次数)。

例 4.21 求斐波那契(Fibonacci)数列。已知一对小兔出生一个月后变成一对成兔,两个月后这对成兔就会生出一对小兔,三个月后这对成兔将生出第二对小兔,而第一对小兔又长大变成一对成兔,即一月成熟,二月生育,以此类推。请编程求解一对小兔经 n 月后将繁衍成多少对兔子? 程序运行结果如图 4.21 所示。

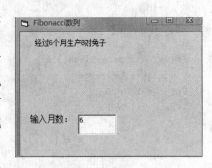

图 4.21 例 4.21 运行结果

分析:设 f1、f2 和 f3 表示相邻的 3 个菲波拉契数据项,根据题意有 f1、f2 的初始值为 1,即迭代的初始条件为 f1=f2=1;迭代的公式为 f3=f1+f2。

有初始条件和迭代公式只能描述前 3 项之间的关系,为了反复使用迭代公式,可以在每一个数据项求出后将 f1、f2 和 f3 顺次向后移动一个数据项,即将 f2 的值赋给 f1,f3 的值赋给 f2,从而构成如下的迭代语句序列:f3=f1+f2,f1=f2,f2=f3。反复使用该语句序列就能够求出所要求的菲波拉契数列。

程序代码如下:

```
Private Sub Form_Click()
    Dim f1, f2, f3, i, n As Integer
    f1 = 1: f2 = 1
    n = Text1.Text
    For i = 3 To n
        f3 = f1 + f2
        f1 = f2
        f2 = f3
    Next i
    Print
    Print Tab(5);                  "经过" & n; "个月生产"; f3 & "对兔子"
End Sub
```

例 4.22 用迭代法求一个数的平方根。已知求平方根的迭代公式为：$x_1 = \frac{1}{2}\left(x_0 + \frac{a}{x_0}\right)$。程序运行结果如图 4.22 所示。

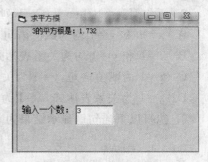

图 4.22 例 4.22 运行结果

分析：设平方根的解为 x，可假定以初值 $x_0 = a/2$（估计值），根据迭代公式得到一个新值 x1，这个新值比初值更接近要求的值 x，再以新值作为初值 x0，求 x1，反复这个过程直到 $|x1 - x0| < \varepsilon$（某一精度，很小的数如 0.00001），此时 x1 即问题的解。

程序代码如下：

```
Private Sub Form_Click()
    Dim x0, x1, x, i As Integer, a As Single
    Const q As Single = 0.000001
    a = Val(Text1.Text)
    If Abs(a) < q Then
        x = 0
    ElseIf a < 0 Then
        Print "data error"
        Exit Sub
    Else
        x0 = a / 2
        x1 = (x0 + a / x0) / 2
        Do While Abs(x1 - x0) > q
            x0 = x1
            x1 = (x0 + a / x0) / 2
        Loop
        x = x1
    End If
    Print Tab(5); a & "的平方根是："; Format(x, "##.###")
End Sub
```

习题 4

4.1 思考题

1. 数据输入输出有哪些办法？
2. 选择结构有哪些语句？
3. 循环结构有哪些？它们分别在何种情况下使用？

4.2 单选题

1. 语句 X＝X＋1 的正确含义是_____。

A. 变量 X 的值为 1   B. 将变量 X 的值加 1 后赋给变量 X

C. 将变量 X 的值存到 X ＋1   D. 变量 X 的值与 X ＋1 相等

2. 语句 If x=1 then y=1,下列说法正确的是_____。

A. x=1 和 y=1 均为赋值语句

B. x=1 和 y=1 均为关系表达式

C. x=1 为赋值语句,y=1 为关系表达式

D. x=1 为关系表达式,y=1 为赋值语句

3. 执行以下语句后显示结果为_____。

```
Dim x as integer
If x then Print x Else Print x-1
```

A. 1　　　　　　　B. 0　　　　　　　C. -1　　　　　　　D. 不确定

4. 下列程序段执行结果为_____。

```
A = "ABCDEFGH"
For i = 6 To 2 step -2
  X = Mid(a, i, i)
  Y = Left(a, i)
  Z = Right(a, i)
  Z = x&y&z
 Next i
 Print z
```

A. ABC　　　　　　B. BCABGH　　　　C. CDEFGH　　　　D. ABCDEF

5. 下列程序段执行结果为_____。

```
N = 0
For i = 1 To 3
  For j = 5 To 1 step -1
    N = n + 1
Next j,i
Print i;j;n
```

A. 4 0 12　　　　B. 4 -1 12　　　　C. 1 3 15　　　　D. 4 0 15

4.3　填空题

1. 使用 MsgBox 显示如图 4.23 所示,其语句为_____。

图 4.23　程序运行结果

2. 在窗体中放置一个命令按钮,运行下面的程序代码:

```
Private Sub Command1_Click()
    Dim a,b
    a = InputBox("输入一个数字")
```

```
    b = Len(a)
    Print "The Length of ";a;" = ";b
End Sub
```

在出现的输入框中输入"12345"，单击"确定"按钮，结果是_____。

3. 多分支选择结构 Select Case ＜条件表达式＞ 语句，"条件表达式"可以是_____。

4. For …Next 循环的 step 子句省略，默认值是_____。

5. 与 Do While 语句相对应的终端语句是_____。

4.4　程序设计题

1. 在程序窗体中有一文本框，用于输入密码（设定密码为 asdf），若用户输入密码正确，则给出"密码正确"信息，若输入密码错误，用 Msgbox 函数给出提示，给出"重试"和"取消"两种选择。试设计界面并给出相应代码。

2. 编程实现：在文本框中输入一个 10 以内的正整数 n，单击"开始"按钮，判定输入数据的有效性，若越界给出相关提示，并重新输入，否则随机产生一个大写字母，以此字母为首字母，连续产生 n×n 个字母，并给出说明文字。

3. 求一元二次方程 $ax^2+bx+c=0$ 的根。

4. 设计程序，求 $s=1+(1+2)+(1+2+3)+\cdots+(1+2+3+\cdots+n)$ 之值。

5. 用 1、2、3 这 3 个数组成 3 位数。编写程序，打印出所有的可能（3 位数可以相同），每行输出 5 个，并统计组成的 3 位数的个数。

6. 编程序找出所有的"水仙花数"。"水仙花数"是指一个 3 位数，其各位上数字的立方之和等于这个数本身。例如 $153=1^3+5^3+3^3$，所以 153 是"水仙花数"。

第5章

VB常用控件

本章知识点：VB常用控件的属性及其功能应用，包括：标签框、文本框、命令按钮、单选按钮、复选按钮、框架、列表框、组合框、水平和垂直滚动条、图像框、图片框、直线、形状和计时器等。各种常用控件的常用事件及其触发的条件，各种常用控件的常用方法。

5.1 概述

VB是面向对象的程序设计语言，对窗体界面的设计进行了封装，形成了一系列编程控件。在设计用户界面时，只需拖动所需的控件到窗体中，然后对控件进行属性设置和编写事件过程代码。控件是构成用户窗口界面的基本元素，也是应用程序界面设计的各种对象基础。

VB的控件可分为3类：内部控件、ActiveX控件和可插入对象控件。内部控件是由VB本身提供的控件，又称常用控件，内部控件是在控件工具箱中默认出现的控件，保存在.exe类型的文件中，不能删除。ActiveX控件是VB控件工具箱的扩充部分，保存在.ocx类型的文件中，应用程序在使用这类控件之前必须添加到控件工具箱，然后才能使用。可插入对象控件是由其他应用程序创建的对象，利用可插入对象就可以在VB应用程序中使用其他应用程序的对象。通过第2章的介绍我们已经对可视化的面向对象程序设计方法有了初步的认识，对象是VB程序设计的核心，对象具有属性、方法和事件，不同的对象具有不同的功能应用，用户根据需要选择相关对象创建应用程序。除了窗体对象以及标签、文本框和命令按钮控件对象外，本章还将详细介绍其他常用内部控件的用法及其一些应用。

5.2 单选按钮

单选按钮(OptionButton)控件 ⊙，又称选择按钮。一组单选按钮控件可以提供一组彼此相互排斥的选项，任何时刻用户只能从中选择一个选项，实现一种"单项选择"的功能，被选中项目左侧圆圈中会出现一黑点。

5.2.1 单选按钮的属性

1. Caption 属性

设置单选按钮的文本注释内容。

2．Alignment 属性

0——Left Justify（默认设置）控件按钮在左边，标题显示在右边（即文本左对齐）。
1——Right Justify 控件按钮在右边，标题显示在左边（即文本右对齐）。

3．Value 属性

True：单选按钮被选中。
False：单选按钮未被选中（默认设置）。

4．Style 属性

0——Standard：标准方式，旁边带有文本的圆形按钮。
1——Graphical：图形方式，与命令按钮相同的形状，可使用 Picture 属性为其设置颜色
或添加图形。

5.2.2　单选按钮的事件

Click 事件是单选按钮控件最基本的事件，一般情况用户无须为单选按钮编写 Click 事
件过程，因为当用户单击单选按钮时，它会自动改变状态。

5.2.3　单选按钮的方法

SetFocus 方法是单选按钮控件最常用的方法，可以在代码中通过该方法将 Value 属性
设置为 True。与命令按钮相同，使用该方法之前，必须要保证单选按钮处于可见和可用状
态（即 Visible 与 Enabled 属性值均为 True）。

例 5.1　设计一个窗口界面如图 5.1 所示。由 1 个标签框，1 个命令按钮和 4 个单选框
组成。程序开始运行后，用户单击某个单选按钮，就可将相应的年份、月份、星期与日期显示
在标签框中。窗口运行界面如图 5.2 所示。

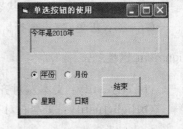

图 5.1　单选按钮窗口界面设计　　　　图 5.2　单选按钮窗口运行界面

单击各个单选按钮的事件过程代码如下：

```
Private Sub Option1_Click()
    y$ = Year(Now)
    Label1.Caption = "今年是" + y$ + "年"
End Sub
Private Sub Option2_Click()
```

```
      m$ = Month(Now)
      Label1.Caption = "这月是" + m$ + "月份"
End Sub
Private Sub Option3_Click()
      w$ = Weekday(Now)
      Label1.Caption = "今天是星期" + w$
End Sub
Private Sub Option4_Click()
      d$ = Day(Now)
      Label1.Caption = "今天是" + d$ + "号"
End Sub
```

退出程序,单击"结束"命令按钮事件过程代码如下:

```
Private Sub command1_Click()
      End
End Sub
```

5.3　复选按钮

复选(CheckBox)按钮 ☑,又称检查框、选择框。一组复选框控件可以提供多个选项,它们彼此独立工作,所以用户可以同时选择任意多个选项,实现一种"不定项选择"的功能。选择某一选项后,该控件将显示"√",而清除此选项后"√"消失。

5.3.1　复选按钮的属性

1. Caption 属性

设置复选按钮的文本注释内容。

2. Value 属性

(1) 0——Unchecked:未被选定,即取消选择状态。
(2) 1——Checked:选定,即选择状态。
(3) 2——Grayed:灰色,禁止选择。

3. Alignment 属性

(1) 0——vbLeftJustify:文本左对齐。
(2) 1——vbRightJustify:文本右对齐。

4. Style 属性

(1) 0——vbButtonStandard):旁边带有文本。(默认设置)
(2) 1——vbButtonGraphical:与命令按钮相同的形状,还可为其设置颜色或添加图形。

5.3.2　复选按钮的事件

复选框常用的事件为 Click 事件。运行时单击复选框,或在代码中改变复选框的 Value

属性值时,产生 Click 事件。

例 5.2 设计一个窗口界面如图 5.3 所示。由一个标签框,1 个文本框设为多行文本, 6 个复选框,其中 3 个设置为工具栏按钮用于设置文本框文字的样式与效果,包括"字体"、"字号"、"字颜色"、"粗体"、"斜体"和"下划线"。程序开始运行后,用户在文本框中输入一段文字,然后按需要单击各复选按钮,用以改变文字的字体,字型,颜色以及大小,运行界面如图 5.4 所示。

图 5.3 复选框示例窗口界面设计　　　　图 5.4 复选框示例窗口运行结果

(1) 设置各控件的属性值如表 5.1 所示。

表 5.1　各控件的主要属性设置

控 件 名 称	属 性 名 称	属 性 值
Form1(窗体)	Caption	复选框的使用
Label1(标签 1)	Caption	请在下面输入一段文字:
Text1(文本框 1)	Name(名称)	空
	MultiLine	True
	ScrollBars	3-Both
Check1(复选按钮 1)	Caption	黑体
	Style	1-Graphical
Check2	Caption	16 点
	Style	1-Graphical
Check3	Caption	紫色
	Style	1-Graphical
Check4	Caption	粗体
Check5	Caption	斜体
Check6	Caption	下划线

(2) 单击各个复选框按钮的事件过程代码如下:

```
Private Sub Check1_Click()            '设置字体为黑体
    If Check1.Value = 1 Then
        Text1.FontName = "黑体"
    Else
        Text1.FontName = "宋体"
    End If
End Sub
Private Sub Check2_Click()            '设置字号为 16
    If Check2.Value = 1 Then
        Text1.FontSize = 16
    Else
        Text1.FontSize = 8
```

```
      End If
   End Sub
   Private Sub Check3_Click()                    '设置字颜色为紫色
      If Check3.Value = 1 Then
         Text1.ForeColor = QBColor(13)
      Else
         Text1.ForeColor = QBColor(0)
      End If
   End Sub
   Private Sub Check4_Click()                    '设置字样式为粗体
      If Check4.Value = 1 Then
         Text1.FontBold = True
      Else
         Text1.FontBold = False
      End If
   End Sub
   Private Sub Check5_Click()                    '设置字样式为斜体
      If Check5.Value = 1 Then
         Text1.FontItalic = -1
      Else
         Text1.FontItalic = 0
      End If
   End Sub
   Private Sub Check6_Click()                    '设置字样式为下划线
      If Check6.Value = 1 Then
         Text1.FontUnderline = True
      Else
         Text1.FontUnderline = False
      End If
   End Sub
```

5.4　框架

　　框架(Frame)控件 ，主要用作控件的容器，其作用是对控件进行可标识的分组，放在同一个容器中的控件构成一组，跟随其容器移动，删除容器将同时删除其中所有的控件。当需要在同一窗体内建立几组互相独立的单选按钮或复选按钮时，就需要用框架将每一组单选按钮或复选按钮框起来，把单、复选按钮控件分成几组。首先需要在窗体中创建 Frame 控件，然后再 Frame 容器里面绘制控件，这样就可以把框架和里面的控件同时移动。图 5.5 所示框架 Frame1 和 Frame2 控件进行分组修饰界面。

图 5.5　框架控件分组样式

5.4.1　框架的属性

1. Caption 属性

设置框架标题。

2. Enabled 属性

True：允许对框架内的所有对象进行操作（缺省设置）。
False：标题呈灰色，不允许对框架内的所有对象进行操作。

3. Visible 属性

True：框架及其控件可见。
False：框架及其控件被隐藏起来。

5.4.2　框架的事件

框架可以响应的事件 Click、DblClick，一般不需要有关框架的鼠标事件过程。

例 5.3　单选按钮、复选按钮及框架用法示例。设计一个程序，用户窗口界面上有一个文本框，两个命令按钮和 4 个框架。3 个复选按钮在一个框架中为一组，用来改变字体风格样式，9 个单选按钮分为 3 组，一组用来改变字体，一组用来改变字的大小，一组用来改变颜色。框架界面设计如图 5.6 所示。

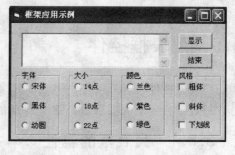

图 5.6　框架应用窗口界面设计

单击"显示"命令按钮，事件过程代码如下：

```
Private Sub Command1_Click()
    '字体单选按钮组
    If Option1.Value Then Text1.FontName = "宋体"
    If Option2.Value Then Text1.FontName = "黑体"
    If Option3.Value Then Text1.FontName = "幼圆"
    '字体大小单选按钮组
    If Option4.Value Then Text1.FontSize = 14
    If Option5.Value Then Text1.FontSize = 18
    If Option6.Value Then Text1.FontSize = 22
    '字体颜色单选按钮组
    If Option7.Value Then Text1.ForeColor = QBColor(9)
    If Option8.Value Then Text1.ForeColor = QBColor(13)
    If Option9.Value Then Text1.ForeColor = QBColor(10)
    '字体风格复选按钮组
    If Check1.Value = 1 Then Text1.FontBold = True Else Text1.FontBold = False
    If Check2.Value = 1 Then Text1.FontItalic = True Else Text1.FontItalic = False
    If Check3.Value = 1 Then Text1.FontUnderline = 1 Else Text1.FontUnderline = 0
    Text1.Text = "同学们，你们好！"
End Sub
```

单击"退出"命令按钮返回设计窗口界面事件过程代码如下：

```
Private Sub Command2_Click()
    End
End Sub
```

窗体 Form_Load()启动事件过程代码如下：

```
Private Sub Form_Load()
    Option1.Value = True
    Option4.Value = True
    Option7.Value = True
    Text1.Text = ""
End Sub
```

程序运行后，如图 5.7 所示。单击"显示"按钮，文本框中会显示一行文字，其字体、字号和颜色由程序事先设定。用户可以在 3 个框架中分别选择字体，字号和颜色，然后再按"显示"按钮，此时文本框中的文字的字体、字号和颜色会发生相应变化。

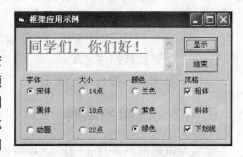

图 5.7　框架应用窗口运行界面

5.5　列表框控件

列表框控件(ListBox)用于显示项目列表，用户可从中选择一个或多个项目。如果项目总数超过了可显示的项目数，VB 会自动加上滚动条。

5.5.1　列表框的属性

1. List 属性

返回或设置列表框的列表项。

(1) 设计时可以在属性窗口中直接输入列表项，使用 Ctrl+Enter 组合键换行。

(2) 在代码中引用列表框中的第 1 项为 List(0)、第 2 项为 List(1)……

2. Style 属性

返回或设置列表框的显示样式。列表框有两种风格，标准和复选列表框。

(1) 0——standard：标准列表框

(2) 1——Checkbox：复选列表框。

3. Columns 属性

返回或设置列表框是按单列显示(垂直滚动)还是按多列显示(水平滚动)。

4. Text 属性

返回列表框中被选择的项目文本。Text 属性为只读属性。

5. ListIndex 属性

返回或设置列表框中当前选择项目的索引,在设计时不可用。列表框的索引从 0 开始,如果没有在列表框中选择项目,则 ListIndex 的值为－1。

6. ListCount 属性

返回列表框中列表部分项目的总个数。

7. Sorted 属性

指定列表项目是否自动按字母表顺序排序。
(1) True——按字母表顺序排序。
(2) False——不按字母表顺序排序。(缺省设置)。

8. Selected 属性

返回或设置在列表中的某项的选择状态。该属性在设计时不可用。

9. MultiSelect 属性

返回或设置一个值,该值指示是否能够同时选择列表框中的多个项(复选),以及如何进行复选。该属性在运行时是只读的。
(1) 0——不允许复选(缺省设置)。
(2) 1——单击鼠标或按空格键可在列表中选择或取消选择列表项。
(3) 2——Shift 键与鼠标或箭头键配合进行多选,Ctrl 键与鼠标配合进行多选。

5.5.2　列表框的事件

列表框接受 Click、DblClick、GotFocus 和 LostFocus 等大多数控件的通用事件,但通常不编写其 Click 事件过程,而是当单击某个命令按钮或双击列表框时读取列表框的 Text 属性值。

5.5.3　列表框的方法

(1) AddItem 方法:向列表框中添加新的项目。
(2) RemoveItem 方法:从列表框中删除项目。
(3) Clear 方法:清除列表框中的所有项目。

例 5.4　用列表框实现歌曲列表的管理,实现从歌单列表中选择自己喜欢的歌曲,添加到已点歌曲列表中。在窗体上画两个标签框,3 个命令按钮,两个列表框的显示样式 Style 属性分别设置为 1 和 0 的风格,界面设计如图 5.8 所示。程序运行后,窗口运行效果界面如图 5.9 所示。

单击选择 Command1 命令按钮,将在左侧 List1 列表框中选择的项目移动到右侧 List2 列表框中。

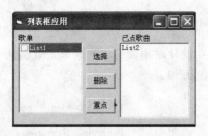 

图 5.8　列表框示例窗口界面设计　　　图 5.9　列表框示例窗口运行界面

```
Private Sub Command1_Click()
    If List1.Text <> "" Then List2.AddItem List1.Text
End Sub
```

单击删除 Command2 命令按钮，删除在右侧 List2 列表框中选择的某项目。

```
Private Sub Command2_Click()
    If List2.Text <> "" Then List2.RemoveItem List2.ListIndex
End Sub
```

单击重点 Command3 命令按钮，删除在右侧 List2 列表框中所有的列表项目。

```
Private Sub Command3_Click()
    List2.Clear
End Sub
```

窗体 Form_Load()启动事件过程代码如下：

```
Private Sub Form_Load()
    List1.AddItem "我很快乐"              '在左侧 List1 列表框中添加歌单列表项目
    List1.AddItem "心中的花"
    List1.AddItem "爱的翅膀"
    List1.AddItem "茉莉花开"
    List1.AddItem "荷塘月色"
    List1.AddItem "千方百计"
    List1.AddItem "只因为爱"
    List1.AddItem "天长地久"
    List1.AddItem "玩转世界"
    List1.AddItem "北京欢迎你"
End Sub
```

双击左侧 List1 列表框中的某项目，将选择项的内容添加到右侧 List2 列表框末尾。

```
Private Sub List1_DblClick()
    List2.AddItem List1.Text
End Sub
```

双击右侧 List2 列表框中的某项目，删除在右侧 List2 列表框中选择的此项目。

```
Private Sub List2_DblClick()
    List2.RemoveItem List2.ListIndex
End Sub
```

5.6 组合框控件

组合框控件(ComboBox)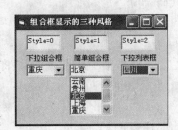，作用与列表框类似。将文本框和列表框的功能结合在一起，用户可以在列表中选择某项(只能选取一项)，或在编辑区域中直接输入文本内容来选定项目。

5.6.1 组合框的属性

1. List 属性

返回或设置组合框列表部分的项目。在设计时可以在"属性"窗口中直接输入列表项目。

2. Style 属性

用于指定组合框的显示形式，组合框共 3 种风格，下拉式组合框、简单组合框和下拉式列表框。窗口运行效果界面如图 5.10 所示。

(1) 0——下拉组合框，包括一个文本框和一个下拉式列表。(缺省设置)

(2) 1——简单组合框。该形式同样包括一个文本框和一个列表框，但不能将列表折叠起来。

图 5.10　组合框 Style 属性显示风格样式

(3) 2——下拉列表框。这种样式仅允许从下拉列表中选择，不能在文本框中输入文本，列表可以折叠起来。

3. Text 属性

当 ComboBox 控件的 Style 属性设置为 0(下拉式组合框)或为 1(简单组合框)时，该属性用于返回或设置编辑域中的文本。而当 Style 属性设置为 2(下拉列表框)时，Text 属性返回当前被选中的项，其值总与 Combol. List(Combol. ListIndex)的值相同。该属性为只读属性。

4. ListIndex 属性

返回或设置在组合框下拉列表中当前选择项目的索引。该属性为整型值，是选中的项目的序号，没有项目选中时序号为−1。在设计时不可用。

5. ListCount 属性

返回组合框的列表部分项目的总个数。该属性为整型值，表示项目的数量，ListCount−1 是最后一项的下标。

6. Sorted 属性

指定列表项目是否自动按字母表顺序排序。该属性只能在设计时设置,不能在程序代码中设置。

(1) True——项目自动按字母表顺序(升序)排序。

(2) False——项目不按字母表顺序排序,按加入的先后顺序排列显示(缺省设值)。

5.6.2　组合框的事件

1. Click 事件

当单击某一列表项目时,将触发列表框与组合框控件的 Click 事件。该事件发生时系统会自动改变列表框与组合框控件的 ListIndex、Selected、Text 等属性,无须另行编写代码。

2. DblClick 事件

当双击某一列表项目时,将触发列表框与简单组合框控件的 DblClick 事件。

3. Change 事件

注意:

当用户通过键盘输入改变下拉式组合框或简单组合框控件的文本框部分的正文,或者通过代码改变了 Text 属性的设置时,将触发其 Change 事件。列表框没有此事件。

(1) Style 属性值为 0——响应 Click、Change、DropDown 事件。

(2) Style 属性值为 1——响应 Click、DblClick、Change 事件。

(3) Style 属性值为 2——响应 Click、DropDown 事件。

5.6.3　组合框的方法

1. AddItem

向组合框中添加新的项目。语法格式如下:

```
<对象名>.AddItem item [, index]
```

其中,item:为字符串表达式,表示要加入的项目。

index:决定新增项目的位置,缺省,则添加在最后。

2. RemoveItem

从组合框的列表中删除一项目。语法格式如下:

```
<对象名>.RemoveItem index
```

对 index 参数的规定同 AddItem 方法。

3. Clear

删除组合框控件中的所有项目。语法格式如下：

```
<对象名>.Clear
```

例如，删除列表框(List1)中所有项目，可使用：

```
List1.Clear
```

例 5.5　组合框综合应用示例。设计一个窗口界面如图 5.11 所示。由 4 个标签框,两个框架、两个复选按钮、两个单选按钮、1 个列表框和两个组合框组成。程序开始运行后,用户单击某个单选按钮、复选按钮、列表框中字形选项、组合框中字体或字体大小选项,就将相应的文字排版效果显示在框架示例的标签框中。窗口运行效果界面如图 5.12 所示。

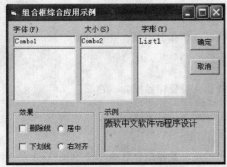
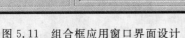
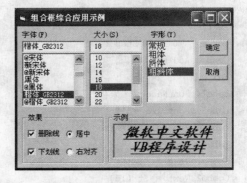

　　图 5.11　组合框应用窗口界面设计　　　　图 5.12　组合框应用窗口运行界面

选择组合框 Combo1 中"字体"的单击事件过程代码如下：

```
Private Sub Combo1_Click()
    Label4.FontName = Combo1.Text
End Sub
```

选择组合框 Combo2 中字体"大小"的单击事件过程代码如下：

```
Private Sub Combo2_Click()
    Label4.FontSize = Val(Combo2.Text)
End Sub
```

选择列表框 List1 中字体"字形"的单击事件过程代码如下：

```
Private Sub List1_Click()
    If List1.Text = "常规" Then
        Label4.FontBold = False
        Label4.FontItalic = False
    End If
    If List1.Text = "斜体" Then
        Label4.FontItalic = True
        Label4.FontBold = False
    End If
```

```
     If List1.Text = "粗体" Then
        Label4.FontBold = True
        Label4.FontItalic = False
     End If
     If List1.Text = "粗斜体" Then
        Label4.FontBold = True
        Label4.FontItalic = True
     End If
  End Sub
```

窗体 Form_Load()启动事件过程代码如下：

```
Private Sub Form_Load()
  Dim i As Integer
  For i = 0 To Screen.FontCount - 1           '加载屏幕字体组合框 Combo1
     Combo1.AddItem Screen.Fonts(i)
  Next i
  For i = 10 To 30 Step 2                      '初始化字体大小组合框 Combo2
  Combo2.AddItem Str(i)
  Next i
  Label4.FontName = "宋体"                     '初始化设置标签框 Label4
  Label4.FontSize = 10
  Label4.FontBold = False
  Label4.FontItalic = False
  Combo1.Text = "宋体"                         '初始化设置和组合框 Combo1 和 Combo2
  Combo2.Text = Str(18)
  List1.AddItem "常规"                         '向列表框 List1 添加字形风格列表项目
  List1.AddItem "粗体"
  List1.AddItem "斜体"
  List1.AddItem "粗斜体"
End Sub
```

选择效果框架 Frame1 中"删除线"复选按钮的单击事件过程代码如下：

```
Private Sub Check1_Click()
  If Check1.Value = vbChecked Then
     Label4.FontStrikethru = True
  Else
     Label4.FontStrikethru = False
  End If
End Sub
```

选择效果框架 Frame1 中"下划线"复选按钮的单击事件过程代码如下：

```
Private Sub Check2_Click()
  If Check2.Value = vbChecked Then
     Label4.FontUnderline = True
  Else
     Label4.FontUnderline = False
  End If
  End Sub
```

选择效果框架 Frame1 中"居中"单选按钮的单击事件过程代码如下:

```
Private Sub Option1_Click()
    Label4.Alignment = 2                    '示例标签框中显示的文本居中
End Sub
```

选择效果框架 Frame1 中"右对齐"单选按钮的单击事件过程代码如下:

```
Private Sub Option2_Click()
 Label4.Alignment = 1                       '示例标签框中显示的文本右对齐
End Sub
```

单击"确定"或"取消"命令按钮返回设计窗口界面事件过程代码如下:

```
Private Sub Command1_Click()
   Unload Me
End Sub
Private Sub Command2_Click()
   End
End Sub
```

5.7 滚动条控件

滚动条(ScrollBar)控件主要用来滚动显示在屏幕上的内容,它可分为水平滚动条(HscrollBar) ◁ ▷ 和垂直滚动条(VscrollBar) ▲▼,二者只是滚动方向不同。滚动条控件通常与某些不支持滚动的控件配合使用,也可用作数据输入工具,用来提供某一范围内的数值供用户选择。两种滚动条除了显示方向不同外,结构和操作方式完全一样。

5.7.1 滚动条的属性

1. Value 属性

用来返回或设置滚动块在滚动条中的当前位置值。其取值为数值型数据,该值始终介于 Max 和 Min 属性值之间。在设计时,设置 Value 属性的值主要用来设定程序运行后滚动块的初始位置。在程序运行时,可通过拖曳滚动块或单击滚动条箭头等方法来改变 Value 的属性值,以及获取 Value 的值。

2. Max 属性

滚动条所能表示的最大值。当滚动块移动到滚动条的最右端或底部时,滚动条的 Value 属性值等于 Max 值。取值范围是 −32 768～32 767。

3. Min 属性

滚动条所能表示的最小值。当滚动块移动到滚动条的最左端或顶部时,滚动条的 Value 属性值等于 Min 值。取值范围是 −32 768～32 767。

4. LargeChange 属性

当用户按 PageUp 或 PageDown 键时，或单击滚动块和滚动箭头之间的区域时，滚动条 Value 属性值的改变量。默认值为 5。

5. SmallChange 属性

当用户按键盘上的箭头键←↑→↓时，或单击滚动箭头时，滚动条的 Value 属性值的改变量。默认值为 1。

5.7.2　滚动条的事件

1. Change 事件

当拖动滚动条的滚动块、单击滚动条两端的箭头或空白处，使滚动块重定位时，或通过代码改变滚动条的 Value 属性值时，该事件产生。所以在用鼠标拖曳滚动条的滚动块时，滚动条的 Value 属性值不变化，只有当松开鼠标左键后，滚动条的 Value 属性值才变化。

2. Scroll 事件

当在滚动条内拖动滚动块时产生该事件，滚动条的 Value 属性值立即随之变化。当滚动块被重新定位，或按水平方向或垂直方向被拖动时，Scroll 事件发生。

Scroll 事件与 Change 事件的区别在于：当滚动条控件滚动时 Scroll 事件一直发生，而 Change 事件只是在滚动结束之后才发生一次。

例 5.6　设计一个用于计算距离的程序，用水平滚动条（HScrollBar）和垂直滚动条（VScrollBar）分别表示速度（km/h）和时间（h）。速度的变化范围为 0～120 千米/小时，时间的变化范围为 0～60 小时。用两个标签框 Label3 和 Label4 显示当时速度和时间发生变化的值，将对应的速度和时间计算出的距离值（km）显示在标签框 Label6 中。窗口运行效果界面如图 5.13 所示。

（1）设置各控件的属性值如表 5.2 所示。

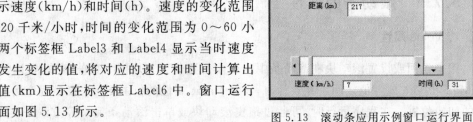

图 5.13　滚动条应用示例窗口运行界面

表 5.2　各控件的主要属性设置

控 件 名 称	属 性 名 称	属 性 值
Form1（窗体）	Caption	滚动条示例
Label1（标签 1）	Caption	时间（h）
Label2	Caption	速度（km/h）
Label3	Caption	空
Label4	Caption	空
Label5	Caption	距离（km）

控 件 名 称	属 性 名 称	属 性 值
Label6	Caption	空
HScroll1（水平滚动条 1）	Min	0
	Max	120
	Value	0
VScroll1	Min	0
	Max	60
	Value	0
Command1（命令按钮 1）	Caption	退出

（2）单击滚动条两端的箭头或在滚动条内拖动滚动块时，都会改变滚动条的 Value 值，触发 Change 事件过程代码如下：

```
Private Sub HScroll1_Change()
Label3.Caption = Str $ (HScroll1.Value)
Label4.Caption = Str $ (VScroll1.Value)
a = HScroll1.Value
b = VScroll1.Value
c = a * b
Label6.Caption = Str $ (c)
End Sub
Private Sub VScroll1_Change()
Label3.Caption = Str $ (HScroll1.Value)
Label4.Caption = Str $ (VScroll1.Value)
a = HScroll1.Value
b = VScroll1.Value
c = a * b
Label6.Caption = Str $ (c)
End Sub
Private Sub Command1_Click()
   End
End Sub
```

5.8　图像框控件

图像框（Image）▨控件主要用来在窗体的指定位置显示图像信息，它适用于不需要再修改的静态图形文件。图像框控件不能作为容器存放其他控件。

5.8.1　图像框的属性

1. Picture 属性

保存和设置显示在图像框控件对象中的图像。这些图像包括：位图文件（.bmp）、图标文件（.ico）、光标文件（.cur）、元文件（.wmf）、增强的元文件（.emf）、JPEG 文件（.jpg）、GIF文件（.gif）等多种类型。

Picture 表示即将显示在图像框控件对象中的图像的文件名和它的路径名。可以在属性窗口通过设置 Image 控件的 Picture 属性来添加一幅图像,也可以在代码中使用 LoadPicture 函数进行图像的添加或清除。

在图像框控件对象中加载图像的方法与在图片框控件对象中加载图像的方法一样(见 5.9.1 节)。

2. Stretch 属性

决定图像框控件对象与被装载的图像如何调整尺寸以互相适应。Stretch 属性有两种情况:

(1) 当它取值为 False(默认值)时,表示图像框将根据加载的图像的大小调整尺寸。

(2) 当它取值为 True 时,则将根据图像框控件对象的大小来调整被加载的图像大小,这样可能会导致被加载的图像变形。

图像框控件 Stretch 属性与图片框控件的 AutoSize 属性不同。前者既可以通过调整图像框控件的尺寸来适应加载的图形大小,又可以通过调整图像的尺寸来适应图像框控件的大小,而后者只能通过调整图片框的尺寸来适应加载图像的大小。

5.8.2　图像框的事件

图像框控件可以响应 Click 事件,利用这一点,可以用图像框控件代替命令按钮或者作为工具条中的按钮。

例 5.7　利用图像框装载一个图形文件,实现图片的大小变化。在窗体界面中 1 个图像框 Image1,5 个命令按钮 Command1~Command5,用来对图片进行放大、左移、变宽和还原。界面设计如图 5.14 所示。设置各控件属性图像框控件的 Stretch 属性值为 True,Left 属性值为 1440,Top 属性值为 240,Height 属性值为 1395,Width 属性值为 1930。

程序运行后,用户单击某个命令按钮,图像框装载的图形尺寸大小相应的发生变化。窗口运行界面如图 5.15 所示。

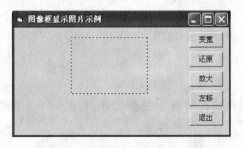

图 5.14　图像框显示图片界面设计　　　图 5.15　图像框显示图片运行界面

单击"变宽"命令按钮,事件过程代码如下:

```
Private Sub Command1_Click()
Image1.Left = Image1.Left - Image1.Width / 2
Image1.Width = Image1.Width * 2
End Sub
```

单击"还原"命令按钮,事件过程代码如下:

```
Private Sub Command2_Click()
Image1.Left = 1440
Image1.Top = 240
Image1.Height = 1395
Image1.Width = 1930
End Sub
```

单击"放大"命令按钮,事件过程代码如下:

```
Private Sub Command3_Click()
Image1.Left = Image1.Left - Image1.Width / 2
Image1.Height = Image1.Height * 1.5
Image1.Width = Image1.Width * 1.5
End Sub
```

单击"左移"命令按钮,事件过程代码如下:

```
Private Sub Command4_Click()
Image1.Left = Image1.Left - Image1.Width / 5
End Sub
```

单击"退出"命令按钮,事件过程代码如下:

```
Private Sub Command5_Click()
End
End Sub
```

加载窗体给图像框装载一个图形文件事件过程代码如下:

```
  Private Sub Form_Load()
Image1.Picture = LoadPicture("D:\15.10.bmp")          '括号内为图形文件名称
  End Sub
```

5.9 图片框控件

图片框(PictureBox)控件 ▦ 的主要作用是为用户显示图片信息,也可以作为其他控件的容器。像框架(Frame)控件一样,可以在图片框(PictureBox)内放置其他控件。这些控件随着图片框移动而移动,其 Top 和 Left 属性是相对图片框控件而言的,与窗体无关。当图片框控件大小改变时,这些控件在图片框中的相对位置保持不变。

5.9.1 图片框的属性

1. Picture 属性

功能与使用方法和图像框的 Picture 属性相同,参见 5.8.1 节。

如果要在运行时显示、加载或清除图片框中的图像,需要利用 LoadPicture 函数来设置图片框的 Picture 属性。例如,下面两条语句分别用来为图片框控件 PictureBox1 加载图像和清除已显示的图像。

```
PictureBox1.Picture = LoadPicture("D:\VB\第五章\P1.bmp")        '加载图片框中的图像
PictureBox1.Picture = LoadPicture()                           '清除图片框中的图像
```

在设计时,还可以使用剪贴板来设置图片框的 Picture 属性。具体方法是:将已经存在的图像复制到剪贴板中,然后选择图片框,再按 Ctrl+V 键,将剪贴板中的图像粘贴到图片框中。

还可用于显示用 Print 方法产生的文本和用图形方法绘制的图形。要清除用 Print 方法在图片框中产生的文本和用图形方法绘制的图形,可以使用 Cls 方法,语法格式为:对象名.Cls。

2. Align 属性

返回或设置一个值,确定对象是否可在窗体上以任意大小、在任意位置上显示,或是显示在窗体的顶端、底端、左边或右边,而且自动改变大小以适合窗体的宽度。

（1）0——表示 None,即图片框无特殊显示。

（2）1——表示 Align Top,即图片框与窗体等宽,并与窗体顶端对齐。

（3）2——表示 Align Bottom,即图片框与窗体等宽,并与窗体底端对齐。

（4）3——表示 Align Left,即图片框与窗体等高,并与窗体左端对齐。

（5）4——表示 Align Right,即图片框与窗体等高,并与窗体右端对齐。

3. AutoSize 属性

在图片框中加载 .wmf 文件,图像会自动调整大小,以适应控件的大小。其他类型的文件,如果控件大小不足以显示整幅图像,VB 则会自动裁剪图像,以适应控件的大小,但不能调整图形以适应控件的大小。

图 5.16　图片框显示图片效果界面

AutoSize 属性决定了图片框是否能够根据加载的图像自动调整其大小。加载运行界面如图 5.16 所示。

（1）当它取值为 False(默认)时,表示加载到图片框中的图像保持原始尺寸,如果图像尺寸大于图片框,超出的部分将自动被裁剪掉。

（2）当它取值为 True,则图片框就会根据图像的尺寸自动调整大小。

如果要将图片框的该属性设置为 True,设计窗体时就需要特别小心。图像将忽略窗体中的其他控件而进行尺寸调整,这可能会导致覆盖其他控件的后果。在设计前,应对每幅图像进行检查,以防发生此类现象。

4. AutoRedraw 属性

用于控制屏幕图像的重绘。当其他窗体覆盖某窗体之后又移开该窗体时,若此窗体的 AutoRedraw 属性设置为 True,则系统自动刷新或重绘该窗体中的所有图内容。若其值为 False(系统默认值),则系统不会自动重绘窗体的图内容。

5. BackColor 属性

设置窗体或图片框的背景颜色。

6. BorderStyle 属性

设置窗体或图片框的边界风格,它只能在设计时使用。在设计时,它的设置不会影响窗体或图片框的显示,但程序运行时会改变显示。它的属性值有 6 个值。

7. DrawWidth 属性

设置画线的线宽度。系统默认的线宽度为 1,若用户在程序代码中定义了 DrawWidth 属性,则可以在窗体中绘出不同宽度的线条。

8. DrawMode 属性

设置绘图时图形线条颜色的产生方式。不仅可以在"属性"窗口中设置该值,还可以在程序中定义该值。

如果只是在"属性"窗口内设置 DrawMode 的值,那么该属性会影响整个窗体或图片框的输出结果。如果在程序代码内设置 DrawMode 的值,那么就可以使窗体或图片框内的各线条显示不同的颜色。DrawMode 属性共有 16 个值。

9. DrawStyle 属性

设置画线的线型。它与 DrawMode 属性一样,该属性若在"属性"窗口中设置,则会影响整个窗体或图片框的输出结果。若在程序中定义,则可在一个窗体或图片框中绘制不同的线型。该属性有 7 个值。

10. FillColor 属性

用于设置图片框的填充颜色。选择"属性"窗口的 FillColor 属性,再单击右侧的箭头按钮,这时,屏幕上将弹出一个调色板。在调色板中,用鼠标单击某种颜色,即可设置好填充色。

11. FillStyle 属性

用于设置图片框的填充方式。与 DrawMode 一样,用户可在程序中定义该属性,以便在窗体中显示不同的填充方式。它共有 8 个值。

12. CurrentX 和 CurrentY 属性

返回或设置下一次打印或绘图方法的水平(CurrentX)或垂直(CurrentY)坐标值。用来确定水平坐标的属性值和垂直坐标的属性值。它们在设计时不可用。

坐标从窗体或图片框控件对象的左上角开始测量。对象左边的 CurrentX 属性值为 0,上边的 CurrentY 属性值为 0。坐标以点为单位表示,或以 ScaleHeight、ScaleWidth、ScaleLeft、ScaleTop 和 ScaleMode 属性定义的量度单位来表示。

5.9.2　图片框的事件

图片框控件可以响应 Click 事件,利用这一点,可以用图片框代替命令按钮或者作为工具条中的按钮。如果图片框控件的 AutoRedraw 属性值为 True,则图片框控件将会支持 Print、Cls、Pset、Point、Line 和 Circle 等多种图形方法。

5.9.3　图片框的方法

1. Print 方法

在图片框中显示文本,它与窗体的 Print 方法的功能和使用方法基本一样。可参见第 3 章有关内容。语法格式如下:

[对象名称.]Print[表达式表]

说明:

"对象名称"可以是窗体、图片框控件对象或打印机的名称,默认为窗体。

2. Pset(画点)方法

用于画点。利用 Pset 方法可画任意曲线。语法格式如下:

[对象名称.]Pset[Step](X,Y)[,颜色]

说明:

(1) 参数(X,Y)为所画点的坐标。

(2) Step 是可选项,选择该项则表示该坐标(X,Y)是当前作图位置的相对坐标,否则是绝对坐标。

(3) 颜色也是可选项,省略该项则采用容器的前景色画点。如果使用背景颜色则可清除某个位置上的点。

例 5.8　在窗体中从坐标原点处开始连续画 10 个红色的点,每个点距离上一个点的相对位置为水平、垂直方向各 10 个像素。画笔的宽度为 5 个像素。

单击"画点"命令按钮,事件过程代码如下:

```
Private Sub Command1_Click()
Cls
DrawWidth = 5
For i = 1 To 10
Form1.PSet Step(100, 100), RGB(255, 0, 0)
Next
End Sub
```

图 5.17　画点方法运行的
　　　　效果界面

程序运行后,在窗体上绘制的点效果界面如图 5.17 所示。

3. Point(取点)方法

Point 方法用于取点,即返回(x,y)坐标指定位置点的 RGB 颜色值。语法格式如下:

[对象名称.]Point(x,y)

4. Line(画线)方法

该方法用于画直线或矩形。直线的起点或矩形的左上角坐标为(X1,Y1),直线的终点或矩形的右下角坐标为(X2,Y2)。语法格式如下:

[对象名称.] Line [[Step](X1,Y1)]-[Step](X2,Y2)[,颜色] [,B[F]]

说明：

（1）（X1,Y1）为起点坐标，（X2,Y2）为终点坐标，如果省略（X1,Y1），则起点位于由 CurrentX 属性和 CurrentY 属性指示的位置。

（2）关键字 Step 表示与当前作图位置的相对位置。

（3）B 为可选项。省略此项是画直线，如果选择 B 则以（X1,Y1）为左上角坐标、（X2,Y2）为右下角坐标画出矩形。F(默认)选项表示用画矩形的颜色来填充矩形。否则矩形的填充特点由 FillColor 和 FillStyle 属性决定。

（4）执行 Line 方法后，CurrentX 和 CurrentY 属性被设置为终点，利用此特性可用 Line 方法画连接线。

例 5.9　利用 Line 方法在窗体上绘制五角星，五角星的左下角为单击位置，五角星的大小和颜色随机指定。

程序运行后，在初始的空白窗体中的任意位置按下鼠标键时，在窗体中出现 1 个随机大小和颜色的五角星。多次按下鼠标键，则出现如图 5.18 所示运行的效果界面。

程序代码如下：

图 5.18　画线方法运行的效果界面

```
' 通用-声明部分：
Const pi = 3.14159
' 用户定义过程：
Private Sub star(x As Single)
  Randomize
  n = Int(Rnd * 16)
  colr = QBColor(n)
  Line -Step(x * Sin(pi / 10), -x * Cos(pi / 10)), colr
  Line -Step(x * Sin(pi / 10), x * Cos(pi / 10)), colr
  Line -Step(-x * Cos(2 * pi / 10), -x * Sin(2 * pi / 10)), colr
  Line -Step(x, 0), colr
  Line -Step(-x * Cos(2 * pi / 10), x * Sin(2 * pi / 10)), colr
End Sub
  ' Form_MouseUp 事件过程：
Private Sub Form_MouseUp(Button As Integer, Shift As Integer, x As Single, y As Single)
  PSet (x, y)
  star (Rnd * 2000)
End Sub
```

5. Circle(画圆)方法

在图片框中，以（x,y）为圆心坐标，以 r 表示圆的半径（单位为点），绘制一个圆形图形。Circle 方法可用于画圆、椭圆、圆弧和扇形。语法格式：

[对象.]Circle[[Step](x,y),半径[,颜色][,起始角][,终止角][长短轴比率]]

说明：

（1）（x,y）是圆、椭圆、圆弧或扇形的圆心坐标，带 Step 关键字时表示与当前坐标的相对位置,半径是圆、椭圆或圆弧的半径。

(2) 起始角和终止角(以弧度为单位)指定圆弧或扇形的起点以及终点位置。其范围从 -2π 到 2π。起点的缺省值是 0,终点的缺省值是 2π。弧度增大方向是逆时针方向。

(3) 起始角和终止角均为正时,则只画圆弧;如果两者之一为负值时,不仅画圆弧,而且还会从圆心到负值的点画一条向心线;如果两者均为负值时,则画出扇形。

(4) 长短轴比率为垂直半径与水平半径之比,不能为负数。当长短轴比率大于 1 时,椭圆沿垂直方向拉长,当长短轴比率小于 1 时,椭圆沿水平方向拉长。长短轴比率的缺省值为 1,在屏幕上产生一个标准的圆。在椭圆中,半径总是对应长轴。

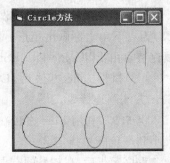

图 5.19　画圆方法运行的
　　　　　效果界面

例 5.10　利用 Circle 方法在窗体上分别画圆弧、扇形、带向心线的圆弧、圆和椭圆。单击窗体运行的效果界面如图 5.19 所示。

```
Private Sub Form_Click()
  Const PI = 3.14159
  Circle (700, 1000), 500, QBColor(8), PI / 2, 3 * PI / 2
  Circle (2000, 1000), 500, QBColor(9), - PI / 4, - 5 * PI / 3
  Circle (3300, 1000), 500, QBColor(10), - PI / 2, 4 * PI / 3
  Circle (700, 2500), 500, QBColor(12)
  Circle (2000, 2500), 500, QBColor(13), , , 2
End Sub
```

6. Cls(清除绘图区域)方法

清除运行时窗体或图片框控件对象内使用图形和打印 Print 方法语句所创建的图形和文本,并将光标移动到原点位置。而设计时使用 Picture 属性设置的背景位图和创建的控件对象不能被清除。语法格式:

```
[对象.]Cls
```

例如,清除图片框中的文本或图画:

```
Picture1.Cls
```

Cls 方法不能清除用图形控件(Line 控件或 Shape 控件)绘制的图形。

如果在使用 Cls 之前,AutoRedraw 属性设置为 False,调用时设置 AutoRedraw 属性为 True,则使用 Cls 时,放置在窗体或图片框控件对象中的图形和文本也不受影响。这就是说,通过对正在处理的对象的 AutoRedraw 属性进行操作,可以保持窗体或图片框控件对象中的图形和文本不被清除。如果在使用 Cls 之前,AutoRedraw 属性设置为 True,则使用 Cls 时,可清除所有程序运行中产生的图形和文本。调用 Cls 之后,窗体或图片框控件对象的 CurrentX 和 CurrentY 属性复位为 0。

7. Scale 方法

用来设置坐标系。它是建立用户坐标系最方便的方法。语法格式如下:

```
[对象.]Scale[(xLeft,yTop)-(xRight,yBottom)]
```

其中：对象可以是窗体、图形框或打印机，(xLeft，yTop)表示对象的左上角的坐标值，(xRight，yBottom)为对象的右下角的坐标值。当 Scale 方法不带参数时，则取消用户自定义的坐标系，而采用默认坐标系。VB 可根据给定的坐标参数计算出 ScaleLeft、ScaleTop、ScaleWidth、ScaleHeight 的值。

5.9.4　绘图事件

与绘图操作相关的主要事件是 Paint 事件，它是在窗体或图片框上的覆盖窗口移开后被触发，或者是在窗体加载、最小化、还原、最大化时被触发的事件。

例 5.11　利用窗体加载触发 Paint 事件，在窗体中画一个圆柱扇形图。运行的效果界面如图 5.20 所示。

```
Private Sub Form_Paint()
    Const pi = 3.1415926
    For i = 300 To 1 Step - 1
    Circle (1900, 1000 + i), 1000, vbRed, - pi / 3, - pi / 6, 3 / 5
    Next
    Me.FillStyle = 0
    Me.FillColor = RGB(255, 255, 255)
    Circle (1900, 1000), 1000, , - pi / 3, - pi / 6, 3 / 5
End Sub
```

例 5.12　在窗体中画一个米字形，当窗体的大小改变时，米字形也随着自动调整，运行的效果界面如图 5.21 所示。

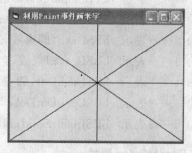

图 5.20　画圆柱扇形图的效果界面　　　　图 5.21　窗体画米字形的运行界面

```
Private Sub Form_Paint()
    Dim x, y
    x = ScaleLeft + ScaleWidth / 2
    y = ScaleTop + ScaleHeight / 2
    '画对角线
    Line (ScaleLeft, ScaleTop) - (ScaleWidth, ScaleHeight)
    Line (ScaleLeft, ScaleHeight) - (ScaleWidth, ScaleLeft)
    '画十字
    Line (x, ScaleTop) - (x, ScaleHeight)
    Line (ScaleLeft, y) - (ScaleWidth, y)
End Sub
Private Sub form_resize()
    Refresh
End Sub
```

5.10　形状控件

形状(Shape) 控件主要用于在窗体、框架或图片框中绘制常见预定义的几何图形。

1. Shape 属性

通过设置图形(Shape)控件的 Shape 属性,可以画出矩形、正方形、椭圆形、圆形、圆角矩形或圆角正方形等多种图形。该属性值有 6 种情况:

(1) 0——表示 vbShapeRectangle,即矩形(缺省值)。

(2) 1——表示 vbShapeSquare,即正方形。

(3) 2——表示 vbShapeOval,即椭圆形。

(4) 3——表示 vbShapeCircle,即圆形。

(5) 4——表示 vbShapeRoundedRectangle,即圆角矩形。

(6) 5——表示 vbShapeRoundedSquare,即圆角正方形。

2. BorderWidth 属性

设置图形边界的宽度。

3. BorderStyle 属性

设置图形控件画线的样式,该属性值有 7 种情况:

(1) 0——表示 vbTransparent,即透明线,忽略 BorderWidth 属性。

(2) 1——表示 vbBSSolid,即实线(缺省),边框处于形状边缘的中心。

(3) 2——表示 vbBSDash,即虚线,当 BorderWidth 为 1 时有效。

(4) 3——表示 vbBSDot,即点线,当 BorderWidth 为 1 时有效。

(5) 4——表示 vbBSDashDot,即点划线,当 BorderWidth 为 1 时有效。

(6) 5——表示 vbBSDashDotDot,即双点划线,当 BorderWidth 为 1 时有效。

(7) 6——表示 vbBSInsideSolid,即内收实线,边框的外边界就是形状的外边缘。

4. BorderColor 属性

设置 Shape 控件的边界颜色。

5. FillColor 属性

设置 Shape 控件的内部填充颜色。缺省值为 0(黑色)。

6. FillStyle 属性

该属性用于设置 Shape 控件的内部填充图案样式。该属性值有 8 种情况:

(1) 0——表示 vbFSSolid,即实心。

(2) 1——表示 vbFSTransparent,即透明(缺省值)。

(3) 2——表示 vbHorizontalLine,即水平直线。

(4) 3——表示 vbVerticalLine,即垂直直线。

（5）4——表示 vbUpwardDiagonal，即正对角线。

（6）5——表示 vbDownwardDiagonal，即反对角线。

（7）6——表示 vbCross，即十字交叉线。

（8）7——表示 vbDiagonalCross，即对角交叉线。

例 5.13　在窗体上画一系列不同的形状。在窗体上添加 1 个 Label 控件数组 Label1(0)～Label(7)，1 个 Shape 控件数组 Shape1(0)～Shape(7)，再添加 4 个命令按钮 Command1～ Command4（标题分别为"设置形状"、"设置颜色"、"填充线条"和"退出"）。运行时单击某一命令按钮，分别将显示不同几何形状、不同的颜色和几何形状内部填充不同风格的线条，运行的效果界面如图 5.22 所示。

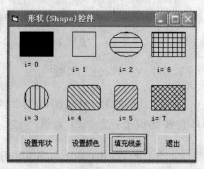

图 5.22　形状控件的几何图形效果界面

单击"设置形状"命令按钮，事件过程代码如下：

```
Private Sub command1_Click()
For i = 0 To 7
  If i <= 5 Then
    Shape1(i).Shape = i
  Else
    Shape1(i).Shape = 0
  End If
    Label1(i).Caption = "i = " & Str(i)
  Next i
End Sub
```

单击"设置颜色"命令按钮，事件过程代码如下：

```
Private Sub command2_Click()
  For i = 0 To 5
  shape1(i).FillStyle = 1
  shape1(i).BackStyle = 1
  shape1(i).BackColor = QBColor(i)
  Label1(i).Caption = "i = " & Str(i)
  Next i
End Sub
```

单击"填充线条"命令按钮，事件过程代码如下：

```
Private Sub command3_Click()
  For i = 0 To 7
  shape1(i).FillStyle = i
  Label1(i).Caption = "i = " & Str(i)
  Next i
End Sub
```

单击"退出"命令按钮，事件过程代码如下：

```
Private Sub command4_Click()
  End
End Sub
```

5.11 直线控件

直线(Line)控件 ＼ 主要用于在窗体、框架和图片框上画直线。设计时可通过属性 BorderWidth、BorderStyle 的值确定线的宽度和形状,运行时直线两个端点的位置由位置属性(X1,Y1)指定起点坐标,(X2,Y2)指定终点坐标确定。

1. X1、Y1、X2、Y2 属性

设置(或返回)该直线的起点和终点的 X 坐标及 Y 坐标。直线起点坐标的属性为 X1、Y1,直线终点坐标的属性为 X2、Y2。

2. BorderWidth、BorderStyle、BorderColor 属性

(1) BorderWidth 属性用于设置直线的宽度。

(2) BorderStyle 属性用于设置直线的线型。

(3) BorderColor 属性用于设置直线的颜色。

它们的使用方式或取值范围与形状 Shape 控件相同。

例 5.14 在窗体上画一系列不同的直线。在窗体上添加 1 个 Line1 控件数组 Line1(0)～Line1(4),再添加 3 个命令按钮 Command1～ Command3(标题分别为"设置线宽"、"设置线型"、"设置线色")。运行时单击某一命令按钮,分别将直线设置成不同的线宽运行界面如图 5.23 所示,线型运行界面如图 5.24 所示和线色运行界面如图 5.25 所示。

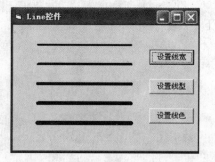

图 5.23 设置线宽运行界面

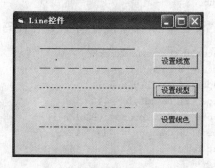

图 5.24 设置线型运行界面

单击"设置线宽"命令按钮,事件过程代码如下:

```
Private Sub Command1_Click()
   For i = 0 To 4
      Line1(i).BorderWidth = i + 3
   Next i
End Sub
```

单击"设置线型"命令按钮,事件过程代码如下:

```
Private Sub Command2_Click()
   For i = 0 To 4
```

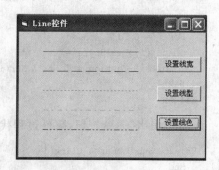

图 5.25 设置线色运行界面

```
        Line1(i).BorderStyle = i + 1
    Next i
End Sub
```

单击"设置线色"命令按钮,事件过程代码如下:

```
Private Sub Command3_Click()
    For i = 0 To 4
        Line1(i).BorderColor = QBColor(i + 8)
    Next i
End Sub
```

5.12 时钟控件

时钟控件(Timer)又称计时器、定时器控件,用于有规律地实现每隔一定的时间间隔自动执行指定的操作,常常用于编写不需要与用户进行交互就可直接执行的代码,如计时、倒计时和动画等。在程序运行阶段,时钟控件不可见。

5.12.1 时钟的属性

1. Enabled 属性

True——计时器有效,启动计时器的计时功能(缺省设置)。
False——停止计时器的计时功能。

2. Interval 属性

表示计时间隔,以毫秒 ms(0.001 秒)为单位。取值范围在 0～65 535ms,等于 1 分钟多一些。若将 Interval 属性设置为 0 或负数,则计时器停止工作。缺省设置为 0。

5.12.2 时钟的事件

时钟控件只有一个 Timer 事件,每当计时时间到达 Interval 属性的设置值时,触发 Timer 事件。

当 Enabled 属性值为 True 且 Interval 属性值大于 0 时,该事件以 Interval 属性指定的时间间隔,触发 Timer 事件。常常将需要计时执行的操作放在 Timer 事件过程中。时钟(Timer)控件没有方法。

例 5.15 使用计时器设计简单的动画使用图形功能画点方法、形状控件、直线控件和利用计时器控件如图 5.26 所示的界面设计,当启动窗体应用程序时能够实现群星闪烁气球升空的动画效果界面如图 5.27 所示。

计时器 Timer1 的 Interval 属性设置为 500 毫秒,实现气球升空。触发 Timer 事件过程代码如下:

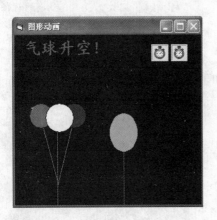
图 5.26　气球升空动画界面设计

图 5.27　气球升空动画运行界面

```
Private Sub Timer1_Timer()
  Static i As Integer
  Shape1.Top = Shape1.Top - 10
  Shape2.Top = Shape2.Top - 10
  Shape3.Top = Shape3.Top - 10
  Shape4.Top = Shape4.Top - 10
  Line1.Y1 = Line1.Y1 - 10
  Line1.Y2 = Line1.Y2 - 10
  Line2.Y1 = Line2.Y1 - 10
  Line2.Y2 = Line2.Y2 - 10
  Line3.Y1 = Line3.Y1 - 10
  Line3.Y2 = Line3.Y2 - 10
  Line4.Y1 = Line4.Y1 - 10
  Line4.Y2 = Line4.Y2 - 10
  Label1.Visible = True
End Sub
```

计时器 Timer2 的 Interval 属性设置为 10 毫秒,实现窗体群星闪烁。触发 Timer 事件过程代码如下:

```
Private Sub Timer2_Timer()
  For i = 0 To 5000
    x0 = Int(60000 * Rnd)
    y0 = Int(50000 * Rnd)
    PSet (x0, y0), QBColor(7)
  Next i
  Cls
End Sub
```

习题 5

5.1　思考题

1. 单选按钮与复选按钮的主要区别是什么?

2. 列表框与下拉式列表框有何区别？

3. 组合框有哪几种类型？能否用文本框和列表框实现组合框的功能？

4. 图片框和图像框控件有什么区别？

5. 计时器有哪些主要事件？若将 Interval 属性设置为 0,计时器将怎样？

5.2　单选题

1. 为了把焦点移到某个指定的控件,所使用的方法是_____。

A. SetFocus　　　　B. Visible　　　　C. Refresh　　　　D. GetFocus

2. Value 属性值为_____表示该复选框被选中。

A. 0　　　　　　　B. 1　　　　　　　C. 2　　　　　　　D. 3

3. 若要得到列表框中项目的数目,可以访问_____属性。

A. List　　　　　　B. ListIndex　　　C. ListCount　　　D. Text

4. 若要清除列表框的所有项目内容,可以使用_____方法。

A. AddItem　　　　B. ReMove　　　　C. Clear　　　　　D. Print

5. 要删除列表框中的某一个项目,需要使用_____方法。

A. Clear　　　　　B. ReMove　　　　C. Move　　　　　D. ReMoveItem

6. 在组合框中选择的项目内容,可以通过访问_____属性获得。

A. List　　　　　　B. ListIndex　　　C. ListCount　　　D. Text

7. 若要获得滚动条的当前位置,可以通过访问_____属性来实现。

A. Value　　　　　B. Max　　　　　　C. Min　　　　　　D. LargeChange

8. 当用鼠标拖动滚动块时触发_____事件。

A. Move　　　　　B. Change　　　　　C. Scroll　　　　　D. GotFocus

9. 要设置计时器的时间间隔可以通过设置_____属性来实现。

A. Value　　　　　B. Text　　　　　　C. Max　　　　　　D. InterVal

10. 通过设置 Shape 控件的_____属性可以绘制多种形状的图形。

A. Shape　　　　　B. Style　　　　　C. Fillstyle　　　　D. Borderstyle

11. 引用列表框 List1 最后一个数据项,应使用的表达式是_____。

A. List1. List(List1. ListCount－1)　　　B. List1. List(List1. ListCount)

C. List1. List(ListCount－1)　　　　　　D. List1. List(. ListCount－1)

12. 运行时,要清除图片框 P1 中的图像,应使用语句_____。

A. Picture1. Picture＝" "

B. P1. Picture＝LoadPicture()

C. Picture1. Picture ＝LoadPicture

D. Picture1. Picture ＝LoadPicture ("D：\VB\CQR. bmp")

5.3　填空题

1. 当单选按钮的 Value 属性为_____时表示该单选按钮处于未选中状态。

2. 设置框架上的文本内容需要使用_____属性。

3. 列表框中项目的序号从_____开始到_____结束。

4. 要显示列表框 List1 中序号为 3 的项目内容使用的语句为＿＿＿＿＿。

5. 要删除组合框 Combo1 序号为 3 的项目使用的语句为＿＿＿＿＿。

6. 若要设置当用鼠标单击两个滚动箭头之间区域的滚动幅度,需使用＿＿＿＿＿属性。

7. 计时器每经过一个由 Interval 属性指定的时间间隔就会触发一次＿＿＿＿＿事件。

8. 要使计时器每半秒钟触发一次 Timer 事件,则要把 Interval 属性值设置为＿＿＿＿＿。

9. 通过设置 Shape 控件的＿＿＿＿＿属性可以绘制多种形状的图形。

10. 通过设置 Line 控件的＿＿＿＿＿属性可以绘制虚线、点划线等多种样式的直线。

5.4　程序设计题

1. 编写程序:设计一个简易的计算器。实现四则运算的基本功能,其他辅助功能根据实际情况自行设计。在实现的过程中需用控件数组、全局变量和局部变量。窗体参考界面如图 5.28 所示。

图 5.28　窗体参考界面

2. 编写程序:设计一个能对文本框中字体的设置。在窗体中添加 1 个文本框、两个框架、两个单选按钮和两个复选按钮控件,运行界面如图 5.29 所示。

3. 编写程序:窗体中包含两个列表框。左侧列表框中列出若干城市的名称。当双击某个城市名时,这个城市从左侧的列表框中消失,同时出现在右侧的列表框中。其中,左侧列表框中的城市名是在程序开始运行时添加到列表框中的。窗体界面如图 5.30 所示。

4. 编写程序:设计一个计时器,能够设置倒计时的时间,并进行倒计时。界面如图 5.31所示。

图 5.29　运行界面

图 5.30　窗体界面

图 5.31　程序界面

第 6 章 数组

本章知识点：VB 数组的概念、特点及其应用，包括：一维数组、二维数组、多维数组、动态数组、控件数组以及数组应用的常用方法。

6.1 数组的概念

数组，是指一组排列有序且个数有限的同类型变量构成的变量序列。在同一个数组中，构成该数组的数据对象成员称为该数组的数组元素。数组具有整体性和有序性的特征，数组的整体性体现在数组是由同类型的数组元素聚合而成，可以使用同一个名字表示这个数据对象集合。数组的有序性体现在数组元素的有序性，数组元素的有序性通过该数组元素在数组中的位置顺序号来表示，这个表示数组元素之间位置关系的顺序号又称为下标。根据所处理的问题不同，在一组同类型数据对象构成的数组中确定一个数组元素所需要的位置顺序号个数也不同，这就使得数组具有不同的构成方法即数组具有不同的维数。数组的维数取决于在数组中确定一个数组元素需要多少个下标，需要一个下标的称为一维数组，需要两个下标的称为二维数组，以此类推，需要 n 个下标的称为 n 维数组。

VB 中数组没有隐式声明，所有使用的数组必须先声明后使用，要声明数组名、类型、维数以及数组的大小。

6.2 定长数组

定长数组是指固定大小的数组，维数和大小不能改变，下面以一维数组和二维数组为例介绍定长数组的声明和使用。

6.2.1 一维数组的声明及使用

一维数组是一组按线性排列有序且个数有限的同类型变量构成的数据集合，集合中的数据元素使用同一个名字来描述它们之间的共性，同时又通过各自不同的序号描述数据集合中各个数据元素之间的关系。一维数组在存储时需要占用连续的内存空间，其数据元素在存储器中存放的顺序是下标大小的顺序，如图 6.1 所示，每一个数据元素所占用的字节长度与其数据类型相关。

| 65 | 73 | 45 | 23 | 68 | 91 | 35 | 18 | 37 | 15 |

图 6.1　一维数组的存储映像

1. 一维数组的声明

一维数组的声明格式如下:

Dim 数组名([下界 To]上界)[As 类型]

其中:(1)"数组名"是用户为数组命名的标识符,必须满足有关 VB 语言标识符定义规范。

(2)"上界"和"下界"不能使用变量,必须是常量。数组元素个数由上界和下界决定,该值为:上界-下界+1。

(3)如果省略"As 类型",则数组的类型为变体类型。

(4)数组默认下标从 0 开始,若希望下标从 1 开始,可在数组声明之前或模块的通用部分使用 Option Base 语句将其设为 1。

例如 Option Base 1 即将数组声明中默认下标设为 1。

下面是一些数组声明的示例:

```
Dim array_int(10) As integer    '声明了拥有 11 个元素的整型数组 array_int
Dim array_s(5) As single        '声明了拥有 6 个元素的单精度类型数组 array_ s
```

VB 中可以使用赋值函数 Array 对数组进行赋值,Array 函数的形式如下:

变量名 = Array(常量 1,常量 2, …)

其中:变量名必须声明为 Variant 变体类型,并作为数组使用。函数功能是将常量的各项值分别赋值给一个一维数组的各元素。在应用时可以使用 UBound 和 LBound 函数获取数组的上界和下界。

例 6.1　使用 Array 函数对数组进行赋值,获取数组的上界及下界并把数组元素在窗体中显示出来。

```
Private Sub cmd_array_Click()
  Dim a, i%   'a定义为 Variant 变体类型
  a = Array(22, 5, 12, 46, 89, 25, 66, 90, 3)
  Print "数组的下界是: " & LBound(a)
  Print "数组的上界是: " & UBound(a)
  Print "数组元素值如下: "
  For i = LBound(a) To UBound(a)
      Print a(i)
  Next i
End Sub
```

2. 一维数组元素的引用方法

在一般情况下建议不要将数组整体使用,而一般都是通过处理每一个数组元素(下标变量)达到处理数组的目的。一维数组元素(下标变量)的表示形式如下:

数组名(下标)

其中,下标值应该是整型常数或表达式,该值表示了数组元素(下标变量)在一维数组中的顺序号,如果下标值是实型数据,系统会自动将其取整。

下标变量与同类型的一般变量(简单变量)的用法相同,凡是一般变量可以出现的地方,下标变量也可以出现。对于一维数组的输入一般通过 TextBox 控件或者 InputBox 函数逐一输入,输出操作一般使用一重循环的形式加以处理,设有定义语句为:Dim a(10) As integer ,i%,则数组 a 的输入输出基本形式如图 6.2 所示。

```
For i = 0 To 10                        For i = 0 To 10
a(i) = InputBox("input:")      =        Print a(i)
Next i                                 Next i
```

图 6.2 一维数组的输入输出方式

例 6.2 求数组中的最小元素及其下标。

```
Private Sub FindMin_Click()
Dim a(10) As Integer
Dim min%, i%, pos%
For i = 0 To 10
    a(i) = InputBox("输入 a(" & i & ")的值 :")
Next i
min = a(0)
pos = 0
For i = 1 To 10
    If a(i) < min Then
        min = a(i)
        pos = i
    End If
Next i
Print "数组第" & pos & "个元素最小,其值为" & min
End Sub
```

例 6.3 打印如下所示的杨辉三角形的前 10 行(要求使用一维数组处理)。

```
1
1  1
1  2  1
1  3  3  1
1  4  6  4  1
1  5  10  10  5  1
1  6  15  20  15  6  1
1  7  21  35  35  21  7  1
1  8  28  56  70  56  28  8  1
1  9  36  84 126 126  84  36  9  1
```

```
Private Sub yh_Click()
    Dim yh(1 To 11) As Integer
    Dim row%, col%
    yh(1) = 1
```

```
        Print yh(1) & vbCrLf
        For row = 2 To 10
           yh(row) = 1
           For col = row - 1 To 2 Step - 1
               yh(col) = yh(col) + yh(col - 1)
           Next col
           For col = 1 To row
               Print yh(col),
           Next col
        Print vbCrLf
    Next row
    End Sub
```

6.2.2　二维数组和多维数组的声明及使用

在程序设计中如果需要处理诸如矩阵、平面或立体图形等数据信息,使用一维数组显然不方便,在这种情况下,可以使用二维、三维以至更多维的数组。一维数组存储线性关系的数据,二维数组则可以存储平面关系的数据,三维数组可以存储立体信息数据,以此类推可以合理地使用更高维数的数组。

1. 二维数组和多维数组的声明

二维数组和多维数组的声明格式如下:

Dim 数组名([下界 To]上界,[下界 To]上界),…[As 类型]

其中的参数与一维数组完全相同,但是数组的大小为各维大小的乘积。

例如:Dim arr(3,5) As Integer,b(2,2,3) As Single 就定义了一个整型的二维数组 arr 和一个单精度类型的三维数组,如果没有使用 Option Base 语句指定下标从 1 开始,那么 arr 和 b 数组的下标从 0 开始,其中 arr 由 4 行 6 列共 24 个元素组成,b 由 3×3×4 共 36 个元素组成。

VB 中规定数组按"行"存储,由于计算机系统内存是一个线性排列的存储单元集合,所以当需要将二维或者更多维的数组存放到系统存储器中时,必须进行二维空间或多维空间向一维空间的投影。例如有定义语句:Dim a1(1,1) As Integer,则数组 a1 在内存中存放的形式如图 6.3 所示。

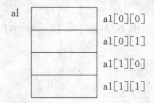

图 6.3　二维数组存储示意图

2. 二维数组和多维数组元素引用方法

二维和多维数组在程序设计中也不能作为一个整体进行处理,而只能通过处理每一个下标变量(数组元素)达到处理数组的目的。二维数组和多维数组元素的下标表示分别如下:

数组名[下标][下标];
数组名[下标][下标]…;

其下标值的用法与一维数组的完全相同。

　　例 6.4　在二维数组 arr[3][5]中依次选出各行最小元素值存入一维数组 a[3]对应元素中。

```
Private Sub Command1_Click()
    Dim arr(3, 3) As Integer
    Dim a(3) As Integer, i%, j%, k%
    '对二维数组赋值
    arr(0, 0) = 12: arr(0, 1) = 32: arr(0, 2) = 15: arr(0, 3) = 36:
    arr(1, 0) = 102: arr(1, 1) = 92: arr(1, 2) = 47: arr(1, 3) = 88:
    arr(2, 0) = 162: arr(2, 1) = 52: arr(2, 2) = 79: arr(2, 3) = 90:
    arr(3, 0) = 10: arr(3, 1) = 128: arr(3, 2) = 542: arr(3, 3) = 67:
    For i = 0 To 3 '以下程序段求出 i 行中的最小元素值
      Min = arr(i, 0)
      For j = 1 To 3
        If arr(i, j) < Min Then
          Min = arr(i, j)
        End If
      Next j
      a(i) = Min
    Next i
    For k = 0 To 3 '依次输出数组 arr 中每行的最小元素值
      Print a(k),
    Next k
End Sub
```

6.3　动态数组

　　前面介绍的定长数组在声明时,就确定了数组的维数和每一维的大小,而动态数组是在程序运行的时候数组大小可以改变的数组。也就是说动态数组是在声明的时候未给出数组的大小(省略[下界 To]上界),当在程序中要使用它的时候,使用 ReDim 语句来指定数组的大小。使用动态数组灵活、方便,可以有效地管理和利用内存。

　　建立动态数组的步骤如下:

　　(1) 使用 Dim 语句声明未指定大小和维数的数组。语法格式如下:

Dim 数组名()[As 类型]

　　(2) 在过程中使用 ReDim 语句动态指定数组的维数和大小。语法格式如下:

ReDim [Perserve] 数组名([下界 To]上界,[下界 To]上界), …[As 类型]

　　例如:

Dim a() as Integer
　　ReDim a(2,3)　　'分配 3×4 共 12 个元素

　　说明:

　　(1) Dim 语句可以出现在程序的任何地方,而 ReDim 语句是可执行语句,只能出现在某一过程中。

（2）ReDim 语句的下界和上界可以是常量，也可以是有确定值的数值型变量。

（3）在过程中可以多次使用 ReDim 语句来改变数组的大小，同时可以使用关键字 Perserve 来保留数组中原有的数据，因此使用包含关键字 Perserve 的 ReDim 语句既可以改变数组的大小，又可以保留数组中原有的数据。

例 6.5　通过输入对话框从键盘输入一批正整数（当输入−1 时结束输入），将其中能被 3 整除的数存入数组 a，然后以每行 5 个输出数组 a。

```
Private Sub input_Click()
  Dim a() As Integer, i%, n%, j%          '数组 a 声明为可变数组
  n = Val(InputBox("输入一个整数,输入 - 1 结束", "输入"))
  Do While n <> - 1
    If n Mod 3 = 0 Then
      i = i + 1
      ReDim Preserve a(i)                 '重新定义数组 a 的大小,并保存原来的值
      a(i) = n
    End If
    n = Val(InputBox("输入一个整数,输入 - 1 结束", "输入"))
  Loop
  For j = 1 To i
    Print a(j);
    If j Mod 5 = 0 Then Print

  Next j
End Sub
Private Sub close_Click()
  End
End Sub
```

例 6.5 中，由于编程序的时候不知道需要输入多少个数据，因此如果使用定长数组，就不清楚需要定义多大的数组，如果数组定义得很大，而输入的数据少，就会造成存储空间的浪费。而使用动态数组可以根据数据的个数动态调整数组的大小，这样就可以解决该矛盾。

6.4　控件数组

VB 6.0 的控件数组是一组共享同一名称和类型的控件，它们也共享同一事件过程，执行不同的功能。根据建立时的顺序，系统自动给每个控件元素一个唯一的索引号（Index），也就是控件元素的下标，在它们共享的事件过程中，可以使用 Index 来区分不同的控件元素。控件数组至少有一个元素，只要系统资源和内存允许，它可以有任意多个元素。同一控件数组的元素具有各自的属性设置。

在窗体中创建控件数组的方法有以下 3 种。

（1）通过复制粘贴的方式创建控件数组。

步骤如下：

① 在窗体中创建控件数组的第一个控件，并设置好属性。

② 在当前窗体中进行复制和粘贴操作，系统会给出提示，单击"是"按钮后，就建立了一个控件数组，根据需要可以粘贴多次建立控件数组。

（2）在设计的时候添加多个同类型的类型控件，然后通过"属性"窗口将这些控件的名称改为相同的，并把 Index 属性设为不同的下标值。

（3）使用 Load 语句动态添加控件数组元素。

步骤如下：

① 在窗体中添加一控件，并设置控件的相关属性，其中 Index 属性设置为 0。

② 在程序中使用 Load 方法添加控件数组的其余若干元素，例如建立按钮控件数组，假设第一个按钮控件的名称为 Cmd，加载控件数组元素的代码如下：

```
Load Cmd(1) '加载控件数组元素,Index 值为 1
```

Load 语句的参数是数组新元素的下标，即 Index 的值，不能和已有的控件元素的下标值相同，否则会产生错误。

③ 通过程序代码设置新元素的位置和外观，然后将 Visible 属性设为 True，使其可见。

例 6.6　设计如图 6.4 所示的成绩输入管理界面。要求：

（1）窗体中有 4 个文本框（使用控件数组），用来输入学生姓名以及 3 门课程的成绩。在文本框中输完数据后按回车，如果焦点在最后一个文本框中，则求出各科成绩之和和平均值，并将焦点定位到"新增"命令按钮上，否则焦点定位到下一个文本框中。

（2）一组命令按钮用来浏览学生成绩，其中"第一个"、"上一个"、"下一个"和"最后一个"命令按钮使用控件数组方式实现。

图 6.4　学生成绩输入管理界面

```
Const M = 100, N = 3               'M表示学生人数,N表示课程书数目
Dim num As Integer                 '存放学号
Dim grade(M, N)                    '定义存放学生成绩的数组
Dim nam(M, 1) As String            '定义存放学生姓名的数组
Private Sub Command1_Click()       '新增命令按钮单击事件
  Dim i As Integer
  For i = 0 To 3
    Text1(i) = ""
  Next i
  noLabel.Caption = num + 1
  sumLabel.Caption = ""
  aveLabel.Caption = ""
  Text1(0).SetFocus
End Sub
Private Sub Command3_Click(Index As Integer)  '命令框数组控件单击事件
    Dim i As Integer
    Dim sum As Integer
    Select Case Index
      Case 0                       '单击第一个命令按钮
        num = 1
      Case 1                       '单击上一个命令按钮
        If num > 1 Then num = num - 1
      Case 2                       '单击下一个命令按钮
```

```
            If num < M Then num = num + 1
          Case 3                          '单击最后一个命令按钮
              num = M
        End Select
        Text1(0).Text = nam(num, 0)       '显示姓名信息
        For i = 1 To N                    '显示成绩信息
          Text1(i).Text = grade(num, i)
          sum = sum + grade(num, i)       '计算总分
        Next i
        noLabel.Caption = num
        sumLabel.Caption = sum
        aveLabel.Caption = sum / 3        '计算平均分并在 aveLabel 中显示
End Sub
'文本框数组控件的 KeyPress 事件
Private Sub Text1_KeyPress(Index As Integer, KeyAscii As Integer)
    Dim sum As Integer, i As Integer
    If KeyAscii = 13 Then                 '用户输入完后输入回车键
        If Index = 3 Then                 '在最后一个文本框中输入回车键
          sum = 0
          num = num + 1
          nam(num, 0) = Text1(0).Text
          For i = 1 To N
            grade(num, i) = Val(Text1(i).Text)
            sum = sum + grade(num, i)      '计算总分
          Next i
          noLabel.Caption = num
          sumLabel.Caption = sum
          aveLabel.Caption = sum / 3       '计算平均分并在 aveLabel 中显示
          Command1.SetFocus
        Else
          Text1(Index + 1).SetFocus '如果在其他文本框中输入回车键后将焦点定位到下一个文本框
        End If
    End If
End Sub
Private Sub Command2_Click()
    End
End Sub
```

从该程序可以看到，"第一个"、"上一个"、"下一个"和"最后一个"4 个命令按钮以及 4
个文本框分别使用了控件数组，4 个命令按钮共享 Click 事件过程，而 4 个文本框则共享
KeyPress 事件过程，可以减少程序代码的编写工作。

6.5　数组的应用

数组在计算机程序设计中是一种十分重要的组织数据的方法，在数组的基础上可以实
现许多重要的操作，数据的查找和排序就是两种基于数组数据结构的数据操作方法。

6.5.1　数组元素值的随机生成

为了能够在学习程序设计的过程中深刻体会被处理数据的多样性和不可见性，有必要

用某种方法来生成模拟的所处理的数据,在程序中随机生成所处理的数据就是一种比较好的生成模拟数据方法。为了能够在程序中产生随机生成的数据,需要使用 VB 语言提供的随机函数 Randomize 和 Rnd 函数。

Randomize 函数的功能是初始化随机数发生器,而 Rnd 函数用来产生随机数。

产生某范围之内的随机数的语法格式如下:

Int((upperbound - lowerbound + 1) * Rnd + lowerbound)

其中,upperbound 是随机数范围的上限,而 lowerbound 则是随机数范围的下限。

例 6.7 随机生成 10 个 3 位以内的整数序列存放在数组中,并找出数组中最大的元素。

```
Private Sub FindMax_Click()
    Dim i% , max %
    Dim arr(9) As Integer
    For i = 0 To 9
        Randomize                              '初始化随机数发生器
        arr(i) = Int((99 - 0 + 1) * Rnd + 0)   '按要求生成随机数放入数组
    Next i
    For i = 0 To 9
        Print arr(i)                           '输出产生的随机数
    Next i
    max = arr(0)
    For i = 1 To 9
        If arr(i) > max Then
            max = arr(i)
        End If
    Next i
    Print "数组最大的元素值为" & max
End Sub
```

6.5.2 数组的常用排序方法

排序是用计算机处理数据的一种常见的重要操作,其作用是将数组中的数据按照特定顺序,如升序或降序重新排列。排序分为内部排序和外部排序。在进行内部排序时,要求被处理的数据全部进入计算机系统的内(主)存储器,整个排序过程都在计算机系统的内存储器中完成。针对不同的实际应用,数据排序方法有很多种。常用的有冒泡法、选择法和插入法等。

1. 冒泡排序(Bubble Sorting)

冒泡排序算法的基本思想是两两比较待排序数据序列中的数据,根据比较结果来对换这两个数据在序列中的位置。其算法基本概念可描述如下:

(1)从待排序列中第一个位置开始,依次比较相邻两个位置上的数据,若是逆序则交换,一趟扫描后,最大(或最小)的数据被交换到了最右边。

(2)不考虑已排好序的数据,将剩下的数据作为待排序列。

(3) 重复(1)、(2)两步直到排序完成,n 个记录的排序最多进行 n−1 趟。

例 6.8　编程序实现冒泡排序算法,对输入的 n 个整数按升序进行排序并输出。

```
Private Sub sort_Click()
  Dim a() As Integer, i%, j%, flag%, temp%, d%, n%
  n = 0
  d = InputBox("请输入整数,以 - 1 表示整个输入结束")
  Do While (d <> -1)
    n = n + 1
    ReDim Preserve a(n) '重新声明动态数组
    a(n) = d
    d = InputBox("请输入整数,以 - 1 表示整个输入结束")
  Loop
  Print "未进行排序的数据: "
  For i = 1 To n
      Print a(i);   '输出未排序的数据
      If (i + 1) Mod 10 = 0 Then
          Print vbCrLf
      End If
  Next i
  For i = 1 To n
    flag = 0
    For j = 1 To n - 1 - i
      If (a(j + 1) < a(j)) Then
          temp = a(j)
          a(j) = a(j + 1)
          a(j + 1) = temp
          flag = 1
      End If
    Next j
    If (flag = 0) Then 'flag值为 0 时表示本趟没有交换,排序已经完成
      Exit For
    End If
  Next i
  Print vbCrLf & "排好序后的数据: "
  For i = 1 To n
      Print a(i);   '输出排序后的数组所有元素
      If (i + 1) Mod 10 = 0 Then
          Print vbCrLf
      End If
  Next i
End Sub
```

上面程序中用变量 flag 作为标志,每一趟排序开始时将其设置为 0,当本趟排序过程中有数据交换时将 flag 设置为 1,表示数据还没有排序完成。当本趟排序过程中没有一次数据交换时,flag 保持为 0 值,表示被排序的数据已经完全满足排序的要求,没有必要再继续进行以后的排序过程,程序中用 Exit For 语句退出排序循环。程序一次运行的结果如图 6.5所示。

2. 选择排序（Select Sorting）

选择排序法的基本思想是对于待排的 n 个数据，在其中寻找最大（或最小）的数值，并将其移动到最前面作为第一个数据；在剩下的 n−1 个数据中用相同的方法寻找最大（或最小）的数值，并将其作为第二个数据；以此类推，直到将整个待排数据集合处理完为止（只剩下一个待处理数据）。选择排序的基本方法是：

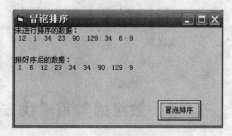

图 6.5 冒泡排序运行结果

（1）在所有的记录中选取关键字值最大（或最小）的记录，并将其与第一个记录交换位置。

（2）将上次操作完成后剩下的记录中构成一个新处理数据集。

（3）在新处理数据集的所有记录中选取关键字值最大（或最小）的记录，并将其与新处理数据集中第一个记录交换位置。

（4）如果还有待处理记录，转到（2）。

例 6.9 编程序实现选择排序算法，对随机生成的 20 个整数按升序进行排序并输出。

```
Private Sub Command1_Click()
  Dim a(19) As Integer, i%, j%, flag%, temp%, k%
  For i = 0 To 19
     Randomize                          '初始化随机数发生器
     a(i) = Int((999 - 0 + 1) * Rnd + 0)  '按要求生成随机数放入数组
  Next i
  Print "Before sorting..."
  For i = 0 To 19
     Print a(i);                        '输出未排序的随机数
     If (i + 1) Mod 10 = 0 Then
         Print vbCrLf
     End If
  Next i
  For i = 0 To 19
    k = i
    For j = i + 1 To 19                 '在剩余的排序数据中寻找最小数的位置
      If (a(j) < a(k)) Then
         k = j
      End If
    Next j
    If (k <> i) Then                    '将找到的最小数交换到指定的位置上
      temp = a(i)
      a(i) = a(k)
      a(k) = temp
    End If
  Next i
  Print "After sorting..."
  For i = 0 To 19
     Print a(i);                        '输出排序后的数组所有元素
```

```
        If (i + 1) Mod 10 = 0 Then
            Print vbCrLf
        End If
    Next i
End Sub
```

6.5.3　数组的常用查找方法

查找又称为检索,其基本概念就是在一个记录的集合中找出符合某种条件的记录。查找的结果有两种:在表中如果找到了与给定的关键字值相符合的记录,称为成功的查找,根据需要可以获取所找记录的数据信息或给出记录的位置;若在表中找不到与给定关键字值相符合的记录,则称为不成功的查找,给出提示信息或空位置指针。本节介绍最常用的两种查找方法,即顺序查找和折半查找。

1. 顺序查找(Linear Search)

顺序查找又称为线性查找。其基本过程是:从待查表中的第一个记录开始,将给定的关键字值与表中每一个记录的关键字值逐个进行比较。如果找到相符合的记录时,查找成功,如果查找到下标的末端都未找到相符合的记录时,查找失败。顺序查找法适应于被查找集合无序的场合。

例 6.10　编程序实现顺序查找算法,在随机生成的 10 个整数中查找指定值,要求程序能够显示出查找进行比较的次数以及本次查找成功与否。

```
Private Sub seek_Click()
    Dim a(19) As Integer, i%, j%, key%, flag%
    flag = 0
    For i = 0 To 9
        Randomize                                '初始化随机数发生器
        a(i) = Int((99 - 0 + 1) * Rnd + 0)       '按要求生成随机数放入数组
    Next i
    Print "生成的 10 个随机数如下: "
    For i = 0 To 9
        Print a(i);                              '输出未排序的随机数
    Next i
    key = InputBox("请输入被查找的整数值:")
    For i = 0 To 9
      If a(i) = key Then
          flag = 1
          Exit For
      End If
    Next i
    If (flag = 1) Then
        Print "查找" & key & "成功"
    Else
        Print "表中不存在被查找的数据"
    End If
End Sub
```

2. 折半查找(Binary Search)

折半查找法又称为二分查找法,该算法要求在一个对查找关键字值而言有序的数据序列中进行,其基本思想是:逐步缩小查找目标可能存在的范围。具体描述如下。

(1) 选取表中间位置的记录作为基准,将表分为两个子表。

(2) 当基准记录的关键字值与查找的关键字值相符合时,返回基准记录位置,算法结束。

(3) 当基准记录的关键字值与查找的关键字值不符合时,在处理的两个子表中选取一个子表,重复执行(1)、(2),直到被处理的子表中没有记录为止。

图 6.6 示意的是在一有序序列中实现对 key=21 进行折半查找的过程。

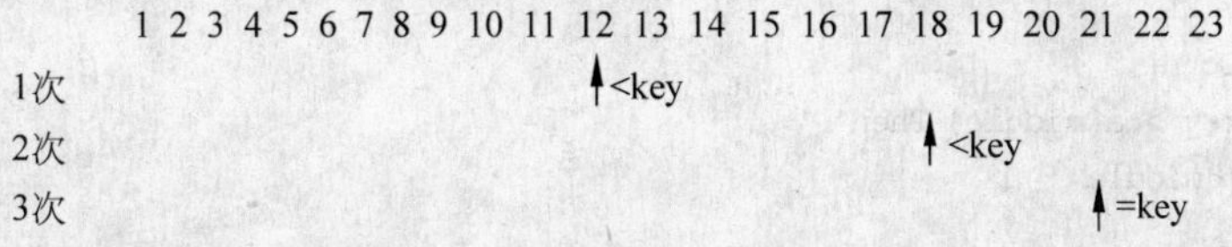

```
              1 2 3 4 5 6 7 8 9 10 11 12 13 14 15 16 17 18 19 20 21 22 23
    1次                              ↑<key
    2次                                              ↑<key
    3次                                                      ↑=key
```

图 6.6 折半查找算法示意图

例 6.11 编程序实现折半查找算法,在随机生成的 20 个整数中查找指定值,要求程序能够显示出查找进行比较的次数以及本次查找成功与否。

```vb
Private Sub binSearch_Click()
  Dim a(19) As Integer, i%, j%, key%, k%, low%, high%, flag%, middle%
  flag = 0
  low = 0
  high = 19
  For i = 0 To 19
      Randomize                        '初始化随机数发生器
      a(i) = Int((999 - 0 + 1) * Rnd + 0)'按要求生成随机数放入数组
  Next i
  Print "生成的 20 个随机数如下: "
  For i = 0 To 19
      Print a(i);                      '输出生成的 10 个随机数
  If (i + 1) Mod 10 = 0 Then
      Print vbCrLf
  End If
  Next i
  For i = 0 To 19                      '本循环实现选择排序算法
    k = i
    For j = i + 1 To 19
      If (a(j) < a(k)) Then
        k = j
      End If
    Next j
    If (k <> i) Then
        temp = a(i)
        a(i) = a(k)
        a(k) = temp
```

```
    End If
  Next i
  Print "排序后的随机数如下: "
  For i = 0 To 19
      Print a(i);                      '输出排序后的随机数
  If (i + 1) Mod 10 = 0 Then
      Print vbCrLf
  End If
  Next i
  key = InputBox("请输入被查找的整数值:")
  Do While (low <= high)               '本循环实现折半查找算法
    middle = (low + high) / 2
    If key = a(middle) Then
      flag = 1
      Exit Do
    ElseIf key > a(middle) Then
      low = middle + 1
    Else
      high = middle - 1
    End If
  Loop
  If (flag = 1) Then
      Print "查找" & key & "成功"
  Else
      Print "表中不存在被查找的数据"
  End If
End Sub
```

习题 6

6.1　单选题

1. VB 中函数 UBound 的功能是_____。

A. 初始化数组　　　　　　　　B. 获取数组指定维数的下界

C. 获取数组指定维数的上界　　D. 计算数组元素的个数

2. 由 Array 函数建立的数组,其变量必须是_____类型。

A. 整型　　　　　B. 字符串　　　　C. 变体　　　　D. 双精度

3. 若定义一维数组为: Dim a(i To j),则该数组的元素为_____个。

A. j−i　　　　　　B. j−i+1　　　C. j*i　　　　　D. i+j

4. 在设定 Option Base 0 后,经 Dim arr(3,4) As Integer 定义的数组 arr 含有的元素个数为_____。

A. 12　　　　　　B. 20　　　　　C. 16　　　　　D. 9

5. 关于 VB 数组的使用说明不正确的是_____。

A. 定长数组通常用于存储个数范围可以确定的数据

B. 动态数组常用于存储数据类型不断变化的数据

C. 在设计数组时,其数组元素类型可以是数值类型、字符串类型或用户定义的类型

D. 动态数组可以用 Array(数据 1,数据 2,…,数据 n)对其进行初始化

6. 在窗体上画一个命令按钮,名称为 Command1,然后编写如下事件过程:

```
Option Base 1
Private Sub Command1_Click()
  Dim course As Variant
  book = Array("高等数学","大学英语","VB程序设计","体育")
  Print course(1)
End Sub
```

程序运行后,如果单击命令按钮,则在窗体上显示的内容是_____。

A. 空白　　　　　B. 高等数学　　C. 大学英语　　　D. 错误提示

7. 下面数组声明语句中,_____正确。

A. Dim a[1,4] As Integer　　　　B. Dim a(1,5) As Integer

C. Dim a(n,n) As Integer　　　　D. Dim a(2 8) As Integer

8. 下面程序的输出结果是 _____。

```
Dim a
a = Array(2,4,6,8,10)
For i = LBound(A) to UBound(A)
    a(i) = a(i) * a(i)
Next i
Print a(i)
```

A. 100　　　　　　　　　　　B. 程序出错,下标越界

C. 64　　　　　　　　　　　　D. 不确定

9. 以下定义数组或给数组元素赋值的语句中,正确的是_____。

A. Dim x As Variant:x = Array(1,2,3)

B. Dim b(10) As Integer:b = Array(1,2,3,4,5)

C. Dim y!(10):a(1) = "123a"

D. Dim a(3),b(3) As Integer:a(0) = 0:a(1) = 1:a(2) = 2:b = a

10. 下列程序段的执行结果为_____。

```
Option Base 0
Private Sub Command1_Click()
  Dim a(10)
  For i = 0 To 9
    a(i) = 3 * i
  Next i
  Print a(a(3))
End Sub
```

A. 27　　　　　B. 9　　　　　C. 1　　　　　D. 15

6.2 填空题

1. 若希望数组下标从 1 开始,可在数组声明之前或模块的通用部分使用_____语句

将其设为 1。

2. 如果没有定义数组的数据类型,其缺省类型是_____。

3. 为了保留动态数组中原有的数据不丢失,可以使用带_____进行动态定义。

4. 如用 Array(1,2,3) 给数组赋值,其数组的类型应该是_____类型。

5. 用 Dim A(-3 To 5)语句所定义的数组的元素个数是_____。

6. 控件共用一个_____的控件名字称为控件数组,控件数组的下标也称_____。

7. 建立控件数组的方法有_____、_____和_____ 3 种。

8. 下面程序的功能是:从键盘输入若干个工人的工资,统计出平均工资,并输出高于平均工资的工人的工资,输入-1 表示输入结束,请填空完成程序。

```
Private Sub Command1_Click()
  Dim salary(100) As Single, sum As Single, ave As Single, m As Single
  Dim i As Integer, j As Integer
  i = 0
  m = InputBox("请输入工人工资,负数表示结束", "工资输入")
  Do While m > 0
    sum = _____
    salary(i) = m
    i = i + 1
    m = InputBox("请输入工人工资,负数表示结束", "工资输入")
  Loop
  For j = 0 To _____
    If salary(j) <_____ Then
      Print salary(j)
    End If
  Next j
End Sub
```

9. 下面程序的功能是:把一维数组中元素按逆序重新存放并输出,请填空完成程序。

```
Private Sub Form_Click()
  Dim a(9) As Integer, i%, j%, temp%
  For i = 0 To 9
    a(i) = i * i
  Next i
  i = 0
  j = _____
  Do While i <= j
    temp = a(i)
    _____
    a(j) = temp
    i = i + 1
    _____
  Loop
  For i = 0 To 9
    Print a(i);
  Next i
End Sub
```

6.3 阅读程序题

1. 写出下面程序单击窗体时的输出结果。

```
Private Sub Form_Click()
  Dim arr, i %
  arr = Array(2, 4, 6, 8, 10)
  For i = LBound(arr) To UBound(arr)
    arr(i) = arr(i) / 2
  Next i
  Print arr(i)
End Sub
```

2. 写出下面程序单击窗体时的输出结果。

```
Private Sub Form_Click()
  Dim a(4) As Integer, b(4) As Integer, c(4) As Integer, i %
  a(0) = 1: a(1) = 3: a(2) = 5: a(3) = 7: a(4) = 9
  b(0) = 2: b(1) = 4: b(2) = 6: b(3) = 8: b(4) = 10
  For i = 0 To 4
    c(i) = a(i) * b(i) / 2
    Print c(i);
  Next i
End Sub
```

3. 写出下面程序单击窗体时的输出结果。

```
Option Base 1
Private Sub Form_Click()
    Dim arr % (3, 3), s As Integer
    For i = 1 To 3
      For j = 1 To 3
        If j > 1 And i > 1 Then
          arr(i, j) = arr(arr(i - 1, j - 1), arr(i, j - 1)) + 1
        Else
          arr(i, j) = i * j
        End If
        s = s + arr(i, j)
      Next j
    Next i
    Print s
End Sub
```

6.4 程序设计题

1. 用随机函数产生 100 个 [0,999] 以内的随机整数,输出能够被 3 整除并且个位不为 0 的数并且统计满足条件的数的个数。要求每行输出 10 个数。

2. 输入一串字符,统计各个英文字母出现的次数。

3. 随机产生 10 个 1~100 之间的整数并输出,用选择排序方法将其降序排列并输出。

4. 使用随机函数产生如下矩阵:

$$\begin{bmatrix} 12 & 23 & 53 & 89 \\ 16 & 90 & 26 & 11 \\ 28 & 1 & 98 & 38 \\ 37 & 32 & 25 & 10 \end{bmatrix}$$

要求：

（1）统计矩阵中的最大值和下标。

（2）求矩阵两条对角线元素之和。

（3）把该矩阵转置后输出。

5. 在一组数据排列有序的数组中插入一个数，使这数组中的数据仍然有序。

第**7**章

过程

本章知识点：VB过程的定义及其应用，包括：Sub过程和Function过程的定义、过程参数传递、过程的嵌套和递归调用、变量的作用范围和生存期等。

在进行程序设计时，可以将一个大的复杂的程序根据"分而治之，各个击破"的原则划分成为若干个模块，每个模块完成一个相对独立的子功能，最后将这些模块按某种方式组合起来就构成了解决总体问题的程序。在VB中，我们把这些模块称为过程。

在VB中，过程可分为Sub过程、Function过程以及Property过程。

7.1 Sub过程

VB有两种Sub过程：事件过程和通用(Sub)过程。

1. 事件过程

事件是指能被VB对象（窗体和控件）识别的动作，例如单击(Click)按钮，双击(DblClick)窗体等，为事件所编写的程序代码称为事件过程。

事件过程分为控件事件过程和窗体事件过程。

1) 控件事件过程

控件事件过程是将控件的实际名称（在控件的Name属性中指定）、下划线、事件名以及相关的程序代码组合起来。例如在Form窗体中有一个名为Cmd的命令按钮，希望单击该按钮后，在窗体中打印Cmd按钮的名字，需要使用按钮的cmd_Click()事件过程，相关程序代码如下：

```
Private Sub cmd_Click()
    Print cmd.Name
End Sub
```

2) 窗体事件过程

窗体事件过程是将Form、下划线、事件名以及相关的程序代码组合起来。例如希望双击窗体后弹出对话框显示窗体的标题，需要使用窗体的Form_DblClick()事件过程，相关程序代码如下：

```
Private Sub Form_DblClick()
    MsgBox form1.Caption
```

```
End SubK
```

2. 通用(Sub)过程

通用过程的定义语句如下:

```
[Private][Public][Static]Sub 过程名 ([形式参数表及其说明])
    过程的操作对象(数据)定义和说明部分
    语句块 1
    [Exit Sub]
    语句块 2
End Sub
```

其中:(1) Private 表示过程是局部的、私有的,只能在本模块中使用;Public 表示过程是全局的、公有的,可以被程序中任何模块使用,系统缺省为 Public。

(2) Static 表示该过程内部定义的变量为局部静态变量。

(3)"Sub 过程名"的命名规则和变量的命名规则相同。

(4) Exit Sub 语句使 Sub 过程立即从该语句处退出。

(5) End Sub 用来结束本 Sub 过程。

(6) 形式参数表及其说明:Sub 过程的形式参数表用小括号括起来,由零个到多个形式参数的定义组成,两个形式参数定义之间用逗号分隔。若一个 Sub 过程没有形式参数,作为 Sub 过程运算符使用的小括号也不能省略。形式参数表的语法形式如下:

```
[ByVal][ByRef]变量名 [AS 数据类型]
```

其中:ByVal 表示参数按值传递,ByRef 表示参数按地址传递,"数据类型"用来表示传递给该过程的参数的数据类型,缺省为 Variant 类型。

7.2 Function 过程

Function 过程的定义语句如下:

```
[Private][Public][Static] Function 函数名([形式参数表及其说明]) [As 数据类型]
```

语句块如下:

```
[函数名 = 表达式]
[Exit Function]
End Function
```

其中:

(1) Private 和 Public 含义与用法和通用(Sub)过程相同。

(2) Static 表示局部静态变量,是指在调用该过程结束后仍保留 Function 过程的变量值。

(3)"Function 函数名"的命名规则和变量的命名规则相同。

(4) Exit Function 语句使 Function 过程立即从该语句处退出。

（5）End Function 用来结束本 Function 过程。

（6）"形式参数表及其说明"同通用过程。

（7）"函数名"是有值的，所以在函数体内至少要通过"函数名＝表达式"对"函数名"进行赋值一次。

下面以定义实现求阶乘功能函数过程为例了解一个函数过程的具体定义过程。根据前面所学知识，通过 Inputbox 函数输入一个正整数 n 后求 n 的阶乘的 VB 程序代码如下：

```
Private Sub Command1_Click()
   Dim fac!, i%, n%
   fac = 1
   n = Val(InputBox("请输入一个正整数", "输入"))
   For i = 1 To n
       fac = fac * i
   Next i
   Print n & "的阶乘是: " & fac
End Sub
```

该程序实现了计算从键盘输入一个整数 n，并求其阶乘的功能。如果在今后的应用中，需要将求某数阶乘的功能作为程序中相对独立的一个部分（功能），则需要将上述功能用函数过程的方式实现，其具体过程如下：

1. 函数过程的命名

函数过程的名字在程序设计中有 3 个作用：一是使用该名字调用这个函数过程；二是应该反映出该函数过程所要实现的功能；三是通过函数过程名字返回函数过程的结果。对于实现本功能的函数过程，可以用 factorial 予以命名。

2. 函数过程的形式参数设计

函数过程用到的正整数 n 是从键盘输入获取的，如果需要从对函数过程的调用者（使用者）处获取所需要的数据，就必须对函数过程的形式参数表进行设计。此时需要将函数过程内部用于从键盘上接收数据的数据对象定义移到函数过程的形式参数表中。基于上述两点，可以写出实现阶乘功能的函数过程 factorial。

```
Function factorial!(ByVal n%)
       Dim fac!, i%
   fac = 1
   For i = 1 To n
       fac = fac * i
   Next i
   factorial = fac
End Function
```

如果需要在单击 Command1 按钮时调用 factorial 函数过程计算某个数的阶乘，在 Command1_Click() 事件过程中可以编写如下代码：

```
Private Sub Command1_Click()
   Dim fac!, i%, n%
   fac = 1
```

```
      n = Val(InputBox("请输入一个正整数", "输入"))
      fac = factorial(n)'调用 factorial 函数过程求 n 的阶乘
      Print n & "的阶乘是: " & fac
End Sub
```

VB 中规定,在一个过程的内部不能定义其他过程(即过程不能嵌套定义)。这个规定保证了每个过程都是一个相对独立的程序模块。在由多个过程组成的 VB 程序中,各个过程的定义是并列的并且顺序是任意的,过程在一个 VB 程序中的定义顺序与该 VB 程序运行时过程的执行顺序无关。

7.3   过程的调用

7.3.1   Sub 事件过程的调用

Sub 事件过程的调用有 3 种方式,它们是:

```
    触发该事件时自动调用 sub 事件过程
    过程名[实参数列表]
    Call 过程名(实参列表)
```

使用 Call 语句调用事件过程时,实参数必须包含在括号内,如果被调用的过程没有参数,()也可以省略。用过程名调用时,没有参数时()必须省略。

例 7.1   检查输入的数据是否大于 0。

```
Private Sub Command1_Click()
  Dim a As Double
  a = Val(Text1.Text)
  If a < 0 Then
    MsgBox "输入的数据小于 0!请重新输入!"
    Text1.SetFocus
  End If
End Sub
Private Sub Text1_KeyDown(KeyCode As Integer, Shift As Integer)
If KeyCode = 13 Then
    Call Command1_Clic或者使用 Command1_Click 语句调用 Command1_Click()过程
  End If
End Sub
Private Sub Command2_Click()
  End
End Sub
```

程序运行的过程如图 7.1 所示。

7.3.2   Sub 通用过程的调用

调用 Sub 通用过程的语法和 Sub 事件过程的调用
语法相同。

图 7.1   例 7.1 运行结果

例 7.2 通过调用通用(Sub)过程检查输入的数据是否大于 0。

```
Sub check()
  Dim a As Double
  a = Val(Text1.Text)
  If a < 0 Then
    MsgBox "输入的数据小于 0,请重新输入!"
    Text1.SetFocus
  End If
End Sub
Private Sub Command1_Click()
  Call check            '调用 check 通用过程
End Sub
Private Sub Text1_KeyDown(KeyCode As Integer, Shift As Integer)
If KeyCode = 13 Then
    Call check          '调用 check 通用过程
  End If
End Sub
Private Sub Command2_Click()
  End
End Sub
```

7.3.3 Function 过程的调用

调用函数 Function 过程的方法与调用 VB 内部函数的方法一样,即直接使用函数的名字调用函数,其两种语法形式如下:

```
函数过程名(实参列表)
Call 函数过程名(实参列表)
```

例 7.3 分别编写统计字符串中字母字符个数的通用过程和函数过程,并分别调用。

```
Sub char_calcS(ByVal str$, ByRef count%)        '使用 Sub 过程实现
  Dim i%, l%
  str = Trim(str)
  l = Len(str)
  For i = 1 To l
    s = Mid(str, i, 1)
    If ((Asc(s) >= 65 And Asc(s) <= 90) Or (Asc(s) >= 97 And Asc(s) <= 122)) Then
      count = count + 1
    End If
  Next
End Sub
Function char_calcF(ByVal str$)                   '使用函数过程实现
  Dim count%, l%, i%, s$
  count = 0
  str = Trim(str)
  l = Len(str)
  For i = 1 To l
    s = Mid(str, i, 1)
    If ((Asc(s) >= 65 And Asc(s) <= 90) Or (Asc(s) >= 97 And Asc(s) <= 122)) Then
```

```
        count = count + 1
      End If
    Next
    char_calcF = count
End Function
Private Sub Command1_Click()
    Label3.Caption = char_calcF(Text1.Text)
End Sub
Private Sub Command2_Click()
    Dim c%
    Call char_calcS(Text1.Text, c)
    Label4.Caption = c
End Sub
```

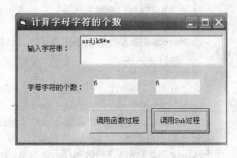

程序的运行界面如图7.2所示。

图7.2　例7.3运行结果

7.4　过程中的参数传递

7.4.1　形参和实参

形参是指定义在函数过程或者通用过程后圆括号内的变量名,用来接收传送给过程的数据,形参表中的多个变量之间用逗号分隔。

实参是在调用函数过程或者通用过程时,过程圆括号内的参数,它的作用是将它们的数值或者地址传给函数过程或者通用过程中与其对应的形参变量。在进行参数传递时,实参的个数、顺序、类型与形参的个数、顺序、类型应该一一对应。

7.4.2　参数传递方式

当被调过程是有参过程时,过程的调用必然伴随着参数传递。在VB程序过程调用的数据传递中,传递的是实际参数所具有的值。当实际参数是常量、变量,传递的数据就是这些数据对象所具有的内容,这种方式称为传值方式(ByVal)。如果过程调用时所传递的实际参数是数据对象在内存中存储的首地址值,则称之为传地址(引用)方式(ByRef)。

1. 传值方式(ByVal)

即在形参前面加ByVal关键字,把实参的数据值传递给相应的形参。VB中传值方式是一种数据复制的方式,在这种方式下,实际参数值通过复制的方式传递给形式参数,传递方(主调过程)中的原始数据和接收方(被调过程)中的数据复制品各自占用内存中不同的存储单元,当数据传递过程结束后,它们是互不相干的,因此被传递的数据在被调过程中无论怎样变化,都不会影响该数据在主调过程中的值。

例7.4　使用函数过程求两个数的最小者。

```
Private Sub findMin_Click()
    Dim x%, y%, result%
    x = Val(txtX.Text)
```

```
  y = Val(txtY.Text)
  result = min(x, y)
  Label4.Caption = "min 函数调用后: " & "x = " & x & "  y = " & y
  Label5.Caption = "x 和 y 中的最小值是: " & result
End Sub
Private Function min(ByVal a As Integer, ByVal b As Integer)
  Dim z%
  If (a > b) Then
    z = a: a = b: b = z
  End If
  min = a
  Label3.Caption = "min 函数调用中: " & "a = " & a & "  b = " & b
End Function
Private Sub Command1_Click()
   End
End SubK
```

程序执行时,函数过程 min 在被调用之前其形式参数表中的形式参数变量和函数过程中定义的普通变量在系统中都是不存在的,它们在系统中出现或消失与过程的调用有着密切的关系,在例 7.4 程序执行到第 5 行之前,函数过程 min 中的形参变量 a 和 b 以及函数体中定义的变量 z 在系统中均不存在,参见图 7.3(a)。函数过程 min 传数据值调用的过程如下:

(1) 系统为被调函数过程中的局部变量分配存储。如在例 7.4 程序中,程序执行到第 5 行时系统才会创建变量 a、b 和 z(即为这些变量分配存储),参见图 7.3(b)。

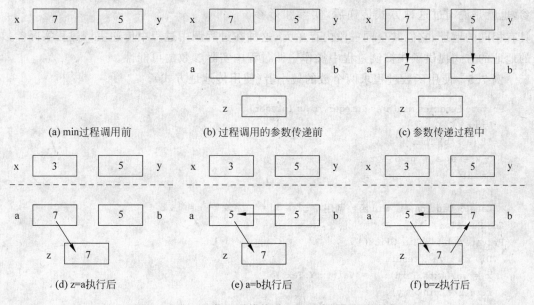

图 7.3 min 函数过程值传递调用时参数的变化情况

(2) 参数传递。传递参数值实质上是将实参变量的内容拷贝给形式参数变量,一旦拷贝完成则实际参数与形式参数就没有任何关系。在例 7.4 程序中,传递参数时将实参变量 x 的值复制给形参变量 a,将实参变量 y 的值复制给形参变量 b,复制完成后实参变量 x、y

与形参变量 a、b 就断开联系,参见图 7.3(c)。

(3) 控制流程转移到被调函数过程 min 中执行。在例 7.4 程序中,参数调用完成后程序的控制流程(执行顺序)就从第 5 行转移到第 9 行开始执行函数过程 min,参见图 7.3 (d)、(e)、(f)。

(4) 控制流程返回主调 Sub 过程 findMin_Click()。程序控制流程执行到被调函数过程中的 End Function 时,将程序执行的控制流程以及被调函数过程的执行结果返回到主调 Sub 过程 findMin_Click()中的调用点。特别需要注意的是,随着程序控制流程的返回,系统会自动收回为被调过程的形式参数和局部变量分配的存储单元,即在过程被调用时创建的形式参数和局部变量会自动撤销。在例 7.4 程序中,程序执行到第 16 行时将控制流程返回到第 7 行的 Sub 过程 findMin_Click()的调用点后。与此同时,调用 min 过程时创建的变量 a、b 和 z 都自动被系统撤销。

从上面的分析可以得到,虽然在 min 函数过程内部对变量 a、b 的值进行了交换,但这种交换对函数过程调用时的实际参数变量 x 和 y 没有任何影响。程序执行的结果如图 7.4 所示。

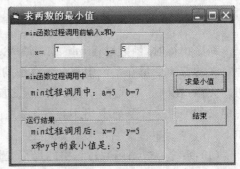

图 7.4　例 7.4 运行结果

2. 传址方式(ByRef)

在形参前加关键字 ByRef 或缺省关键字时,指定参数按照地址的方式传递参数。按地址方式传递参数是把形参的内存地址传递给实参,也就是说通过这种方式传递后,实参和形参具有相同的地址,它们共享同一段内存单元,这种在过程调用过程中传递主调过程实际参数的地址的方式提供了在被调过程中操作主调过程中实际参数的可能性。

例 7.5　使用函数过程求两个数的最小者(使用传地址方式)。

```
Private Function min(a As Integer, b As Integer)
  Dim z%
  If (a > b) Then
    z = a: a = b: b = z
  End If
  min = a
  Label3.Caption = "min 函数调用中:" & "a = " & a & "  b = " & b
End Function
Private Sub findMin_Click()
  Dim x%, y%, result%
  x = Val(txtX.Text): y = Val(txtY.Text):
  result = min(x, y)
  Label4.Caption = "min 函数调用后:" & "x = " & x & "  y = " & y
  Label5.Caption = "x 和 y 中的最小值是:" & result
End Sub
Private Sub Command1_Click()
  End
End Sub
```

运行结果如图 7.5 所示,x 和 y 的数据值也被交换了。

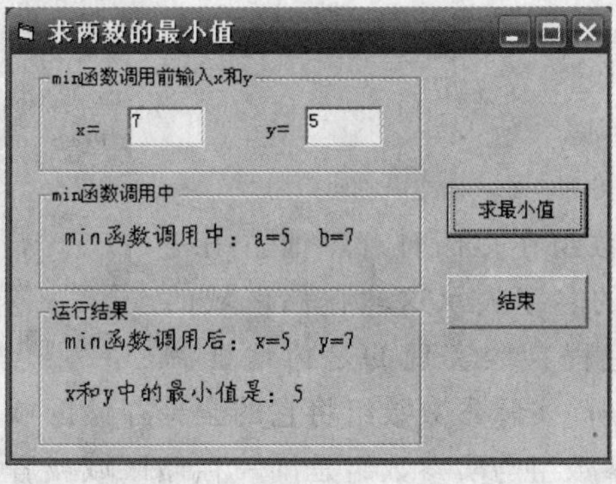

图 7.5 例 7.5 运行结果

从上面程序执行的过程可以得出使用传址方式(ByRef)在过程之间传递数据的特点是:数据在主调过程和被调过程中均使用同一存储单元,所以在被调过程中对形参数据任何的变动必然会反映到主调过程中来。

7.4.3 数组参数

在 VB 程序设计中,既可以用数组的元素作为过程的参数,也可以将数组看成一个整体作为过程的参数。将数组看成一个整体作为过程的参数时,是以传地址方式实现参数传递的。使用数组元素作为参数传递,其用法都与普通变量用法一样,实现的是过程间的传值调用。

例 7.6 以下 average 过程求数组元素的平均值并对数组元素的值进行增 1 操作。

```vb
Private Sub Command1_Click()
  Dim i%, a(), result!
  a = Array(4, 23, 67, 34, 90, 12, 56)
  Print "调用 average 函数过程前 a 数组元素的值为: "
  Call myprint(a())'调用 myprint 过程实现打印
  result = average(a())
  Print "调用 average 函数过程后求得数组元素的平均值为: "; result; vbCrLf
  Print "调用 average 函数过程后 a 数组元素的值为: "
  Call myprint(a())
End Sub
Function average!(b())'求平均值并并对数组元素的值进行增 1 操作的函数
  Dim i%, sum%
  sum = 0
  For i = 0 To UBound(b)
    sum = sum + b(i)
    b(i) = b(i) + 1
  Next i
  average = sum / (UBound(b) + 1)
End Function
Sub myprint(c())
  Dim i%
```

```
    For i = 0 To UBound(c)
      Print c(i);
    Next i
    Print vbCrLf '打印换行符
  End Sub
```

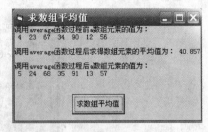

图 7.6　例 7.6 运行结果

程序运行结果如图 7.6 所示。

通过上例可以看出,数组在存储时有序地占用一片连续的内存区域,数组的名字表示这段存储区域的首地址。用数组名作为过程参数实现的是传地址调用,其本质是在过程调用期间实际参数数组将它的全部存储区域或者部分存储区域提供给形式参数数组共享,即形参数组与实参数组是同一存储区域或者形参数组是实参数组存储区域的一部分。直观地说,就是同一个数组在主调过程和被调过程中有两个不同(或者相同)的名字,例 7.6 中数组存储区域全部共享时形参数组与实参数组的关系参见图 7.7。

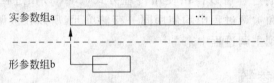

图 7.7　形参数组与实参数组共享存储单元

7.5　过程的嵌套和递归调用

7.5.1　过程的嵌套调用

在 VB 程序中过程不能嵌套定义。但 VB 允许过程嵌套调用,所谓过程的嵌套调用就是一个过程在自己被调用的过程中又调用了另外的过程。一个两层的过程嵌套调用的过程如图 7.8 所示,更多层的过程嵌套调用过程与此类似。

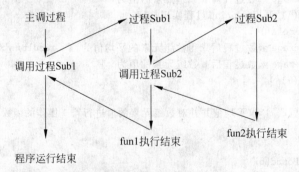

图 7.8　两层过程嵌套调用示意图

如图 7.8 所示,程序在主调过程的执行过程中调用了过程 fun1,此时主调过程并未执行完成但程序的控制流程已经从主调过程转移到了过程 fun1 中;过程 fun1 在执行的过程中又调用了过程 fun2,此时过程 fun1 并未执行完成但程序的控制流程已经转移到了过程

fun2 中；过程 fun2 执行完成后程序的控制流程会返回到过程 fun1 中对 fun2 的调用点继续执行过程 fun1 中未完成部分，当过程 fun1 执行完成后程序的控制流程返回主过程继续执行直至程序执行完成。

例 7.7 编写程序计算 $a(x,n)=x/1!+x^2/2!+\cdots+x^n/n!$，要求求和以及阶乘的计算都用独立的函数过程完成，x 和 n 从文本输入框输入。

```
Private Sub calc_Click()
  Dim x%, n%
  x = Val(TxtX.Text)
  n = Val(TxtN.Text)
  TxtA.Text = sum(x, n)                    '调用求和函数 sum 求和
End Sub
Function sum!(ByVal x As Integer, n As Integer)
  Dim i%, total!
  For i = 1 To n
    total = total + (x ^ i) / fac(i)       '调用 fac 函数求 i 的阶乘
  Next i
  sum = total
End Function
Function fac&(ByVal k As Integer)          '阶乘计算函数
  Dim i%, f&
  f = 1
  For i = 1 To k
    f = f * i
  Next i
  fac = f
End Function
Private Sub Command2_Click()
  End
End Sub
```

程序执行时，主调过程 calc_Click 调用函数过程 sum 进行 n 项数据的求和工作，sum 函数过程在执行时又 n 次调用函数过程 fac 完成对某一项数据求阶乘的工作，将每一项数据值求出后在 sum 函数过程进行累加求和，最后将求和结果返回到主调过程 calc_Click 中并输出结果。程序一次执行的情况和结果如图 7.9 所示。

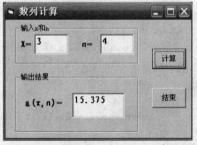

图 7.9 例 7.7 运行结果

7.5.2 过程的递归调用

VB 允许一个自定义的过程直接地或间接地自己调用自己，称为过程的递归调用。过程的递归调用可以看成是一种特殊的过程嵌套调用，它与一般的嵌套调用相比较有两个不同的特点：一是递归调用中每次嵌套调用的过程都是该过程本身；二是递归调用不会无限制进行下去，即这种特殊的嵌套调用会在某种条件下结束。

递归调用在执行时，每一次都意味着本次的过程体并没有执行完毕。所以过程递归调

用的实现必须依靠系统提供一个特殊部件(堆栈)存放未完成的操作,以保证当递归调用结束回溯时不会丢失任何应该执行而没有执行操作。计算机系统的堆栈是一段先进后出(FILO)的存储区域,系统在递归调用时将在递归过程中应该执行而未执行的操作依次从堆栈栈底开始存放,当递归结束回溯时再依存放时相反的顺序将它们从堆栈中取出来执行,在压栈和出栈操作中,系统使用堆栈指针指示应该存入和取出数据的位置。

递归的实质是一种简化复杂问题求解的方法,它将问题逐步简化直至趋于已知条件。在简化的过程中必须保证问题的性质不发生变化,即在简化的过程中必须保证两点:一是问题简化后具有同样的形式;二是问题简化后必须趋于比原问题简单一些。具体使用递归技术时,必须能够将问题简化分解为递归方程(即问题的形式)和递归结束条件(即最简单的解)两个部分。例如求 n 的阶乘,可以把问题简化分解得到递归方程 n * (n−1)!,和递归结束条件 n≤1 时阶乘为 1。

例 7.8 用递归的方法 x 的 n 次幂。

根据使用递归技术的特点,求 x^n 的问题的递归方程(即问题的形式)为 $x^n = x * x^{(n-1)}$,递归结束条件(即最简单的解)为当 n=1 时,其结果为 x,其递归关系可以写成以下形式:

$$x^n = \begin{cases} x & (n = 1) \\ x \times x^{(n-1)} & (n > 1) \end{cases}$$

程序代码如下:

```
Private Sub calc_Click()
  Dim x%, n%, s!
  x = Val(TxtX.Text)
  n = Val(TxtN.Text)
  s = power(x, n)
  TxtA.Text = s
End Sub
Function power(ByVal x As Integer, n As Integer)
  If n = 1 Then
    power = x
  Else
    power = x * power(x, n - 1)
  End If
End Function
```

例 7.9 汉诺塔问题。

有 A、B、C 三根杆,最左边杆上自下而上、由大到小顺序串有 64 个金盘呈一塔形。现要把左边 A 杆上的金盘全部移到右边 C 杆上,条件是一次只能移动一个盘,且不允许大盘压在小盘的上面。

可以将汉诺塔问题分解为下面三步递归求解:

第一步:把 a 杆上的 n−1 个盘子设法借助 b 杆放到 c 杆上,记做 hanoi(n−1,a,c,b)。

第二步:把第 n 个盘子从 a 杆移动到 b 杆。

第三步:把 c 杆上的 n−1 个盘子借助 a 杆移动到 b 杆,记做 hanoi(n−1,c,b,a)。

程序代码如下:

```
Private Sub hanoi_move_Click()
    Dim n As Integer
    n = InputBox("输入盘子的数目:")
    Print "盘子移动的步骤如下:"
    Call hanoi(n, "A", "B", "C")
End Sub
Private Sub hanoi(m%, ByVal a$, ByVal b$, ByVal c$)
    If m = 1 Then
        Call movedis(a, c)
    Else
        Call hanoi(m - 1, a, c, b)
        Call movedis(a, c)
        Call hanoi(m - 1, b, a, c)
    End If
End Sub
Private Sub movedis(ByVal x$, ByVal y$)
    Static i%
    i = i + 1
    Print x & " --->" & y,
    If i Mod 5 = 0 Then                          '每行打印5步移动步骤
        Print
    End If
End Sub
Private Sub close_Click()
    End
End Sub
```

7.6 变量的作用范围和生存期

一个 VB 应用程序一般由工程文件(.vbp)、窗体文件(.frm)、窗体的二进制数据文件(.frx)、标准模块文件(.bas)和类模块文件(.cls)组成。

(1) 工程文件(.vbp)包含组成应用程序所有的文件。

(2) 窗体文件(.frm)包含窗体、控件的属性描述和属性设置,也包含窗体级的常量、变量和外部过程的声明以及事件和用户自定义过程。

(3) 窗体的二进制数据文件(.frx)用来保存含有二进制属性的文件(图片等)。

(4) 标准模块文件(.bas)用来存放应用程序中多个窗体中公用的代码,包含常量、变量、用户自定义的过程等。

(5) 类模块文件(.cls)用来创建用户自定义的对象。

一个 VB 应用程序(工程)的结构如图 7.10 所示。

从 VB 应用程序的一般结构图可知,一个 VB 程序可以由多个模块文件构成,对于在不同的模块中声明或定义的变量或者过程必须要考虑以下两个方面的问题:

(1) 变量或者过程的作用范围如何确定。

(2) 变量的生存期如何确定。

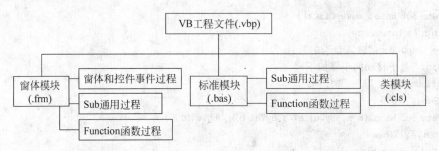

图 7.10　VB 应用程序结构图

下面将分别讨论变量和过程作用范围和变量的生存期。

7.6.1　变量的作用范围

变量的作用范围是指变量能被某个过程、某个源程序文件识别的范围,在此范围内可以访问或引用该变量。根据变量定义语句以及变量定义的位置的不同,变量可以分为局部变量、模块级变量和全局变量。

1. 局部变量

所谓局部变量是指定义在过程内部的变量,只能在定义该变量的过程中使用,其他过程不能访问。

局部变量的建立和撤销都是系统自动进行的,如在某个过程中定义了局部变量,只有当这个过程被调用时系统才会为这些局部变量分配存储单元;当过程执行完毕,程序控制流程离开这个过程时,局部变量被系统自动撤销,其所占据的存储单元被系统自动收回。由此可得出关于局部变量的两个非常重要的结论:

(1)过程中同一组局部变量的值在该过程的任意两次调用之间不会保留,即过程的每次调用都是使用的不同局部变量组。

(2)定义在不同过程中的局部变量之间是毫无关系的,即使它们的名字相同亦是如此。

2. 模块级变量

在窗体模块的通用声明段或者标准模块中使用 Dim 或者 Private 关键字声明的变量,称为模块级变量。模块级变量可被所声明的模块中的任何过程访问,它的作用范围是它所在的模块,其他模块不能访问该变量。

通过在“代码”窗口中单击过程列表框的“通用”后,在窗体模块中声明模块级变量 x,如图 7.11 所示。

图 7.11　声明模块级变量

3. 全局变量

全局变量又称为公用的模块级变量,是在通用声明段使用 Public 关键字声明的变量。它的作用范围是整个应用程序,即可被本应用程序的任何过程访问。

不同作用范围的 3 种变量声明及使用规则如表 7.1 所示。

表 7.1　不同作用范围的 3 种变量声明及使用规则

选　项	全 局 变 量	窗体/模块级变量	局 部 变 量
声明方式	Public	Dim,Private	Dim,Static
声明位置	窗体/模块的通用声明段	窗体/模块的通用声明段	过程内部
能否被本模块的其他过程访问	能	能	不能
能否被其他模块存取	能(在窗体中的通用声明段声明的全局变量被其他模块访问时,要在变量前加窗体名)	不能	不能

例 7.10　设计一个如图 7.12 所示的程序界面,用户在窗体的文本框中输入数组元素的个数,按回车键后,在窗体的 Picture1 图片框中输出随机产生的数组元素,单击计算"计算平均值"按钮,在 Picture2 中输出数组元素的平均值。

在 Module1 中编写的程序代码如下:

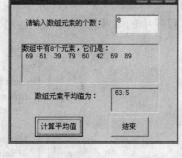

图 7.12　例 7.10 运行结果

```
Public a() As Integer        'a 为全局变量
Sub average(b() As Integer)
    Dim i%, sum%, n%         'i,sum,n 为局部变量
    sum = 0
    n = UBound(b)
    For i = 1 To n
        sum = sum + b(i)
    Next i
    Form1.aver = sum / n      '使用全局变量 aver
End Sub
```

在 Form1 代码编辑窗口编写的代码如下:

```
Public aver As Double               'aver 是全局变量,作用范围为整个工程
Dim n As Integer                    'n 是局部变量,作用范围为本窗体
Sub makeArray()
    If Val(Text1.Text) > 0 And IsNumeric(Text1.Text) Then
        n = Val(Text1.Text)
        ReDim a(n)
        For i = 1 To n
            Randomize               '初始化随机数发生器
            a(i) = Int(Rnd * 100)
        Next i
        n = UBound(a)
        Picture1.Cls
        Picture1.Print "数组中有" & n & "个元素,它们是: "
        For i = 1 To n
            Picture1.Print a(i);
        Next i
    Else
        MsgBox "输入的数据个数错误!"
        Text1.SetFocus
    End If
```

```
End Sub
Private Sub Command1_Click()
   Call average(a)
   Picture2.Cls
   Picture2.Print aver
End Sub
Private Sub Text1_KeyPress(KeyAscii As Integer)
   If KeyAscii = 13 Then
      makeArray
   End If
End Sub
Private Sub Command2_Click()
   End
End Sub
```

4. 变量同名问题

1）全局变量和局部变量同名

对于全局变量与局部变量的作用范围问题,有可能出现作用范围重叠的情况。即在某些特定的情况下,可能会出现全局变量和在过程内部定义的局部变量名字相同的现象,这样在程序中的某些区域内势必会出现若干个同名变量都起作用的情形,如图 7.13 所示。

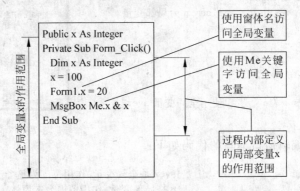

图 7.13　全局变量与局部变量作用范围

在这种全局变量与局部变量作用范围重叠的情况下,当程序的控制流程进入这个作用范围重叠区域时必须要确定应该使用哪一个同名的变量。VB 语言中按照如下两条原则来确定如何使用同名的变量:

（1）在过程中如果定义有与全局变量同名的局部变量,则当程序的控制流程进入到过程的作用范围时,优先使用在过程中定义的局部同名变量。

（2）如果想在过程内部访问全局变量,则必须在全局变量名前面加上 Me 关键字或者窗体名。

2）不同模块中全局变量同名的情况

如果在不同的模块中全局变量使用相同的名字,则通过引用"模块名. 变量名"就可以区分它们,例如在 Module1. bas 和 Form1 中都定义了全局变量 x,则在使用时候使用 Module1. x 和 Form1. x 就可以区分它们。

7.6.2 变量的生存期

在 VB 语言中,变量的生存期与其在程序中声明的位置以及声明的关键字相关。模块级变量和全局变量的生存期是整个应用程序的运行期间。而对于在过程中用 Dim 声明的局部变量仅存在于该过程的执行期间,也就是说只有当这个过程被调用时系统才会为这些局部变量分配存储单元;当过程执行完毕,程序控制流程离开这个过程时,局部变量被系统自动撤销,其所占据的存储单元被系统自动收回。当下一次再调用该过程时,所有局部变量又被重新分配存储单元。

如果希望(要求)某些局部变量不随着过程的调用执行结束而消失,即期望当程序执行的控制流程再次进入这些局部变量所存在的过程时,这些变量仍能在保持原来值基础上继续被使用,在程序设计中可以使用静态局部变量来满足这种需要。静态局部变量定义的一般形式如下:

```
Static 变量名 As 类型
```

静态局部变量也是局部变量,它的值也只能在定义它的过程内使用,离开静态局部变量的作用范围后,该静态局部变量虽然存在,但不能对它进行访问(操作)。

例 7.11 静态局部变量使用示例。

```
Private Sub Form_Click()
   StaticTest
   StaticTest
End Sub
Sub StaticTest()
   Dim a As Integer                'a 是局部变量
   Static b As Integer             'b 静态局部变量
   a = a + 2
   b = b + 1
   c = c + 3
   Print "a = "; , a, "b = "; b, "c = "; c
End Sub
```

程序的运行结果如图 7.14 所示。

例 7.12 使用静态变量记录单击窗体的次数。

```
Private Sub Form_Click()
   Static t As Integer
   t = t + 1
   MsgBox "单击窗体的次数: " & t
End Sub
```

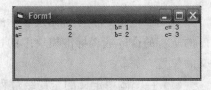

图 7.14 例 7.11 运行结果

程序运行后单击窗体一次,弹出对话框如图 7.15 所示,再次单击窗体,弹出对话框如图 7.16 所示。

图 7.15

图 7.16

如果在过程的前面加上 Static 关键字,表示该过程里的局部变量都是静态变量。

例 7.13　使用静态变量求 $1+2+3+\cdots+n$。

```
Static Function sum(n As Integer)
    Dim x!
    x = x + n
    sum = x
    Print "x = "; x
End Function
Private Sub Form_Click()
Dim i%, n%
    Dim s As Double
    n = Val(InputBox("请输入一个正整数", "输入"))
    For i = 1 To n
        s = sum(i)
    Next
    Print "1 + 2 + 3 + .. + n = " & s
End Sub
```

7.6.3　过程的作用范围

过程可以被访问的范围称为过程的作用范围,它与过程定义的位置和声明时所选用的关键字有关。按其作用范围可以划分为以下两类过程:

1. 模块级过程

模块级过程是指在窗体或者标准模块中使用 Private 关键字定义的过程,它只能被定义的窗体或者标准模块中的过程调用。

2. 全局级过程

全局级过程是指在窗体或者标准模块中使用 Public 关键字定义的过程,可被该应用程序的所有的窗体或者标准模块中的过程调用。对于全局级的过程,其调用的方式和过程定义的位置有关。

(1) 在窗体中定义的全局级过程,当外部过程要调用时,应在被调用的过程名前加上过程所在的窗体名。

(2) 在标准模块中定义的过程,如果过程名是唯一的,该应用程序的任何过程都可以直接调用,否则应在被调用的过程名前加上过程所在的标准模块名。

习题 7

7.1　单选题

1. 在过程定义中用 _____ 表示形参的传地址。

A. Var　　　　　　B. ByRef　　　　　　C. ByVal　　　　　　D. ByValue

2. 下面的子过程语句说明合法的是_____。

A. Sub fib(ByRef i%())   B. Sub fib(j%) As Integer

C. Function f%(f%)   D. Function f1!（ByVal n%）

3. 下列叙述中正确的是_____。

A. 在窗体的通用事件过程中定义的变量是全局变量

B. 局部变量的作用域可以超出所定义的过程

C. 在某个 Sub 过程中定义的局部变量不可以与其他事件过程中定义的局部变量同名，但其作用域只限于该过程

D. 模块级变量和全局变量的生存期是整个应用程序的运行期间

4. 以下关于变量作用域的叙述中，正确的是_____。

A. Static 类型变量的作用域是它所在的窗体或模块文件

B. 全局变量可以在标准模块中声明

C. 模块级变量只能用 Private 关键字声明

D. 窗体中凡被声明为 Private 的变量只能在某个指定的过程中使用

5. 以下描述正确的是：在 VB 应用程序中_____。

A. 过程的定义不可以嵌套，但过程的调用可以嵌套

B. 过程的定义可以嵌套，但过程的调用不可以嵌套

C. 过程的定义和过程的调用均不可以嵌套

D. 过程的定义和过程的调用均可以嵌套

6. 在过程调用结束后还能保存过程中局部变量的值，则需使用_____关键字在过程中定义该局部变量。

A. Dim   B. Private   C. Public   D. Static

7. VB 语言中关于过程或函数的形参用法说明不正确的是_____。

A. ByVal 类别的形参，是按参数的值进行传递

B. 在传址调用时，实参可以是变量，也可以是常量

C. 过程或函数调用时，所给定的实参和形参的顺序及类型应相容或相同

D. 形参的类型可以用已知的或用户已定义的类型来指定

8. 假定有以下两个过程：

```
Sub swap1(ByVal x As Integer,ByBal y As Integer)
    Dim t As Integer
    t = x : x = y : y = t
End Sub
Sub swap2(x As Integer, y As Integer)
    Dim t As Integer
    t = x : x = y : y = t
End Sub
```

则以下说法中正确的是_____。

A. 用子过程 swap1 可以实现交换两个实参的值的操作，swap2 不能实现

B. 用子过程 swap2 可以实现交换两个实参的值的操作，swap1 不能实现

C. 用子过程 swap1 和 swap2 都可以实现交换两个实参的值的操作

D. 用子过程 swap1 和 swap2 都不能实现交换两个实参的值的操作

7.2　填空题

1. _____语句可以中途退出 Sub 过程,使用_____语句可以中途退出 Function 过程。

2. Function 过程的调用方式为_____和_____。

3. Sub 过程的调用方式为_____和_____。

4. 参数传递有_____和_____两种形式。

5. 形参的作用是_____。

6. 数学中完数是指这样的整数:该数的各因子之和是它的本身。例如,6 的因子是 1, 2,3,而 6=1+2+3,所以 6 是完数。下列程序是找出 2~1000 以内的完数,并显示结果,其中,函数 isWs(m as integer)as Boolean 用来判断参数 m 是否是完数。

```
Function isWs(m As Integer) As Boolean
  Dim i As Integer, s As Integer
  For i = 1 To m − 1
    If _____ Then
      s = s + i
    End If
    If (m = s) Then
      _____
    Else
      isWs = False
    End If
  Next i
End Function
Private Sub Command1_Click()
  Dim i As Integer
  For i = 2 To 1000
    If _____Then Print i;
  Next i
End Sub
```

7. 函数过程 delData()的功能是在有序(升序)的数组 a 中删除指定的数 y,若指定的数 y 不存在则给出提示信息,其中 y 通过 InputBox 函数输入。

```
Function deldata(b, y%)
  Dim m%, i%
  m = UBound(b)
  deldata = 1
  For i = 0 To m
    If y = b(i) Then _____
  Next i
  If i > m Then deldata = 0: Exit Function
  For j = i + 1 To m
    _____
  Next j
  m = m − 1
```

```
    ReDim Preserve b(m)
End Function
Private Sub Command1_Click()
    Dim a(), i%, y%, result%
    a = Array(1, 3, 12, 24, 56, 79, 100, 120)
    y = Val(InputBox("请输入一个整数: ", "输入"))
    n = UBound(a)
    result = deldata(a, y)
    If result = 0 Then
        Print "没有找到该数据" & y
    Else
        For i = 0 To _____
            Print a(i);
        Next i
    End If
End Sub
```

7.3 阅读程序题

1. 写出下面程序当输入数据-10080时的执行结果。

```
Private Sub p(n As Integer)
    If (n < 0) Then
        Print '-'
        n = -n
    End If
    If (n \ 10 > 0) Then
        p (n \ 10)
    End If
    Print (n Mod 10)
End Sub
Private Sub Form_Click()
    Dim m As Integer
    m = InputBox("请输入一个整数", 输入)
    p (m)
End Sub
```

2. 写出下面程序运行时单击窗体的输出结果。

```
Private Sub f(a%, b%)
    a = a + b
    b = a - b
End Sub
Private Sub Form_Click()
    Dim a%, b%
    a = 23
    b = 12
    Call f(a, b)
    Print "a = " & a; ",b = " & b
End Sub
```

7.4　程序设计题

1. 两质数的差为 2,称此对质数为质数对,编写程序找出 1000 之内的质数对,其中判断质数的函数过程为 Function isprime(m as interger)。

2. 编程序计算,要求对 n 项的求和以及每一项 k 的计算都用独立的函数实现,k 和 n 的值在窗体的单击事件中通过 InputBox 函数输入。

3. 计算并输出 1000 以内所有的"亲密数对",其中亲密数对是指:如果自然数 M 的所有因子(包括 1 但不包括自身)之和为另一个自然数 N,而 N 的所有因子(包括 1 但不包括自身)之和为 M,则称 M 和 N 为一对"亲密数对"。例如 6 的所有因子之和为 $1+2+3=6$,因此,6 与它自身构成一对"亲密数对";又如 220 的所有因子之和为 $1+2+4+5+10+11+20+22+44+55+11=284$,而 284 的所有因子之和为 $1+2+4+71+142=220$,因此,220 和 284 构成一对"亲密数对"。要求返回给定自然数 m 的所有因子之和的功能用函数实现。

4. 编写一个递归函数将一个正整数 n 的各位数字从低位到高位分解开,例如 123,分解为 3 2 1,其中 n 的值在命令按钮单击事件中用 InputBox()函数输入。

5. 一个从左读或从右读都是相同的单词称为回文,例如 level 是回文。编程序实现功能:判断输入的一个字符串是否为回文,其中判断回文的功能使用函数过程完成。

第8章

文件

本章知识点：文件及其操作，内容主要包括文件的基本概念、顺序文件和随机文件以及二进制文件的读写方法、目录及文件操作、常用函数等。

在程序设计中，文件是十分有用和不可缺少的，在某些情况下，不使用文件将很难解决所遇到的实际问题。由应用程序产生或处理过的数据，往往在程序结束以前仍需保留，或者需要将输入设备输入的数据保存在存储介质上（如磁盘，磁带等），这些数据是以文件的形式保存的。为了存取数据方便，提高上机效率，在程序中可直接对文件进行处理，可以保存、访问（读写）它所处理的数据，也可以使其他程序共享这些数据。

VB 具有强大的文件处理能力，可以处理顺序文件、随机文件和二进制文件，并且提供了与文件处理有关的控件、函数，与文件管理有关的语句等。

8.1 文件概述

8.1.1 文件

在 VB 程序运行中，需要输入少量数据，可通过程序中直接赋值来完成，或通过输入函数获取数据（如使用函数 InputBox）；需要输入大量数据时，上述方法易使输入数据出错和数据不便保存。当反复运行程序时，需重复输入大量相同数据，易造成数据不一致，从而影响运行结果和执行效率。因此，最好将大量数据存储为一个或多个文件，则应用程序从相应文件中读取数据。

通常情况下，计算机处理的大量数据都是以文件的形式存放在外部介质（如磁盘）上，操作系统也是以文件为单位对数据进行管理。当访问外部介质上存储的数据时，先按文件名找到所需要的文件，再从该文件中读取相关数据。在外部介质中存入数据时，也必须先建立一个文件，才能向它写入数据。

8.1.2 文件的结构

为了有效地对数据进行存储和读取，文件中的数据必须以某种特定的格式存储，这种特定的格式就是文件的结构。不同的文件有不同的结构。

VB 的文件由记录组成，记录由字段组成，字段又由字符组成。

1. 字符（Character）

字符是构成文件的最基本单位。字符可以是数字、字母、特殊符号或单一字节。这里所说的"字符"一般为西文字符，一个西文字符用一个字节存放。如果为汉字字符，包括汉字和"全角"字符，则通常用两个字节存放。也就是说，一个汉字字符的存储大小相当于两个西文字符的存储大小。一般把用一个字节存放的西文字符称为"半角"字符，而把汉字和用两个字节存放的字符称为"全角"字符。注意，VB 6.0支持双字节字符，当计算字符串长度时，一个西文字符和一个汉字都作为一个字符计算，但它们所占的内存空间是不一样的。例如，字符串"Caption 属性"的长度为 9，而所占的字节数为 11。

2. 字段（Field）

字段也称域。字段由若干个字符组成，用来表示一项数据。例如学号"20100546"就是一个字段，它由 8 个字符组成。而姓名"王冰"也是一个字段，它由两个汉字组成。

3. 记录（Record）

记录由一组相关的字段组成。例如在成绩表中，每个人的学号、姓名、课程名称、成绩、任课教师等构成一条记录。

4. 文件（File）

文件由记录构成，一个文件含有一条以上的记录。例如在成绩表文件中有 54 个学生的信息，每个学生的信息是一条记录，54 条记录构成一个文件。

8.1.3　文件的种类和存取类型

VB 有 3 种文件：顺序文件、随机文件和二进制文件。存取一个文件时，可根据文件种类的不同，采用不同的存取方式，相应的文件存取类型有顺序存取、随机存取和二进制存取。

1. 顺序文件

存入一个顺序文件时，依序把文件中的每个字符转换为相应的 ASCII 码存储。读取数据时必须从文件的头部开始，按文件写入的顺序，一次全部读出。不能只读取它中间的一部分数据。用顺序存取方式形成的文件称为顺序文件，顺序存取方式规则最简单。

顺序文件也可以记录为单位，文件中的记录一条接一条地存放，但维护困难，为了修改文件中的某条记录，必须把整个文件读入内存，修改完后重新写入磁盘。为了查找某个数据，只能从文件头开始，一条记录一条记录地顺序读取，直至找到所需记录为止。顺序文件不能灵活地存取和增减数据，因而适用于有一定规律且不经常修改的数据。

顺序存取方式适合以整个文件为单位存取的场合。主要用于文本文件，也最适合于文本文件，因为处理文本数据时，都是整篇文章调出来修改，然后再整篇文章重新保存，很少有只调出第几行，修改后再存回第几行的情况。采用顺序存取方式的例子很多，如 Windows 的记事本、书写器等。

2．随机文件

随机存取的文件由一组固定长度的记录组成，每条记录分为若干个字段，每个字段的长度固定，可以有不同的数据类型。一般用自定义数据类型来建立这些记录。用随机存取方式形成的文件称为随机文件。

随机文件中每条记录有一个记录号，在读取数据时，只要指定记录号，就可直接存取每一条记录，存取灵活、方便，容易修改。随机文件适合以记录为单位存取的场合。

3．二进制文件

二进制存取方式可以存储任意希望存储的数据。它与随机文件很类似，但没有数据类型和记录长度的限制。以二进制方式保存的文件称为二进制文件。

在随机文件中，有些字符型字段不同记录的长度相差很大，为了能够存储最长的字符串，必须把该字段长度说明为最长字符串的长度，这将会浪费大量的存储空间。为了节省存储空间，可以使用二进制文件。

二进制文件在 TYPE 类型说明中先不固定长度，待字符串存入时，再计算出字符串长度，并用两个字节保存。读取数据时，先读取长度，再读取字符。使用二进制存取方式可节约存储空间。另一方面，由于该文件没有固定长度的记录，不能像随机文件可直接取出某条记录，需要建立一个索引表来指示每条记录的起始地址，这使得编程困难。

8.2 顺序文件

在使用旧文件或创建新文件前，首先要说明文件存储位置和名字，并指定对文件的处理方式，即确定对文件操作的有关属性的属性值。无论用哪种存取方式对数据文件进行操作，都必须先打开文件，然后向文件中写入或读出数据，最后关闭文件。

访问一个顺序文件时，通常有 3 个步骤：打开文件(若此文件不存在，则要建立一个新的文件)、读取/写入数据、关闭文件。

8.2.1 顺序文件的打开与关闭

1．打开文件

语法格式如下：

Open <文件名> For <打开方式> As ＃ <文件号> [Len＝缓冲区大小]

说明：

(1) Open、For、As、Len 等是 VB 的关键字。

(2) 文件名：指定打开的文件名(文件名用字符串表示)，包括盘符、路径、文件主名及扩展名。例如："D:\Example\File1.txt"。

(3) 打开方式：指定文件的打开方式，打开文件后，只能按指定的方式进行一种操作。打开一个顺序文件有 3 种方式可选：

• Input：表示以只读方式打开文件。如果要读的文件不存在时会出错。

• Output：表示以写的方式打开文件。如果文件不存在，就创建一个新的文件；如果文件已经存在,则删除文件中的原有数据,从头开始写入数据。

- Append:表示以添加的方式打开文件。如果文件不存在,则创建一个新的文件;如果文件存在,保留原有数据,写数据时从文件尾开始进行添加。

注意:对同一文件用一种方式打开后,在关闭之前,不能再以另一种方式打开。

(4) 文件号:VB 应用程序每打开一个文件,必须指定唯一的一个文件号,文件号是 1~511 之间的整数。打开文件后,指定的文件号就与该文件相关联,程序通过文件号对文件进行读、写操作,直到关闭文件后,该文件号才被释放,以后可供打开其他文件重新分配使用。

如果程序中已经打开多个文件(此时占用文件号未必连续),则还要打开文件时,为了避免文件号重复,可使用 FreeFile 函数,该函数返回当前程序未被占用的最小的文件号,可通过把函数值赋给一个变量来获取这个文件号。

例如,执行以下代码:

```
FN = FreeFile
Open "D:\Example\File1.txt" For Output As ♯ FN
```

则在 D 盘 Example 文件夹下建立 File1.txt 数据文件,文件号为 FN,如果这个文件已经存在,则原有文件被覆盖。

如果执行下面的代码:

```
FN = FreeFile
Open "D:\Example\File1.txt" For Append As ♯ FN
```

也在 D 盘 Example 文件夹下建立 File1.txt 数据文件,文件号为 FN,但当该文件已经存在时,新写入的数据添加到原有数据末尾。

(5) 缓冲区大小:当在文件与程序之间拷贝数据时,选项 len 参数指定缓冲区的字符数,其范围为 1~32 767 字节,缺省值为 512 字节。

例如,执行以下代码:

```
Open "D:\Example\File1.txt" For Input As ♯1 len = 1024
```

则打开 D 盘 Example 文件夹下的数据文件 File1.txt,为读取数据作准备,与之关联的文件号为 1,读写缓冲区为 1024 字节。

在程序中,获取文件名可通过"打开"文件或文件"另存为"对话框实现。例如,下面的代码从"打开"文件对话框中打开一个文件,以便从该文件中读取数据:

```
CommonDialog1.Filter = "All Files (∗.∗)|∗.∗|Text Files (∗.txt)|∗.txt| Batch Files
(∗.bat)|∗.bat"
CommonDialog1.FilterIndex = 2
CommonDialog1.ShowOpen
Filename = CommonDialog1.Filename
F = FreeFile
Open Filename For Input As F
…
```

而下面的代码则从文件"另存为"对话框中输入文件名,以便建立从文件名框中输入或选定的文件:

```
CommonDialog1.Filter = "All Files (*.*)|*.*|Text Files (*.txt)|*.txt|Batch Files
(*.bat)|*.bat"
CommonDialog1.FilterIndex = 2
CommonDialog1.ShowSave
Filename = CommonDialog1.Filename
F = FreeFile
Open Filename For Otput As F
…
```

建立"打开"文件或文件"另存为"对话框用公共对话(CommonDialog)控件,见相关章节。

注意:用公共对话控件可创建"打开"文件和文件"另存为"对话框,但它只能为建立和访问的文件输入文件名提供一个可视的界面,对话框本身不能完成打开文件和保存文件的功能,需编写代码完成。

2. 关闭文件

语法格式如下:

Close [♯文件号][, ♯文件号]…

说明:

(1) Close 语句用来关闭文件,它是在打开文件之后进行的操作,格式中的"文件号"是 Open 语句中使用的"文件号"。关闭一个数据文件具有两方面的作用:一是把文件缓冲区中的所有数据写到文件中;二是释放与该文件相关联的文件号,以供其他 Open 语句使用。

(2) 若指定了文件号,则关闭指定的文件;若没指定文件号,则关闭所有打开的文件。

(3) 除了用 Close 语句关闭文件外,在程序结束时将自动关闭所有打开的数据文件。

(4) 对打开的文件完成操作后及时关闭该文件是个好习惯,不仅节约内存,也避免意外情况丢失数据。因为磁盘文件同内存之间的信息交换是通过缓冲区进行的,如果关闭的是为顺序输出而打开的文件,则缓冲区中最后的内容将被写入文件中。当打开的文件或设备正在输出时,执行 Close 语句后,不会使输出信息的操作中断。如果不使用 Close 语句关闭文件,则可能使某些要写入的数据不能从缓冲区送入文件中。

8.2.2　顺序文件的写操作

若要将程序中数据写入一个顺序文件,文件必须以 Output(顺序输出)或 Append(添加输出)方式打开,然后使用下面的输出语句写入数据。

1. Print ♯语句

语法格式如下:

Print ♯ 文件号 [,表达式列表]

Print ♯语句用于为顺序文件写入数据。

说明:

(1)"输出项表"是要输出的表达式或表达式列表,如果缺省并在"文件号"后加上逗号,表示向文件中写入一空行。

（2）输出格式同 Print 方法。Print 方法所写的对象是窗体、打印机或者控件，而 Print ♯语句所写的对象是文件，各表达式之间的分号、逗号、Spc 函数和 Tab 函数的使用方法类似 Print 方法，分别对应紧凑格式和标准格式。例如：

```
Print ♯1,Str1,Str2
```

Print ♯语句把变量 Str1 和 Str2 的值写到文件号为 1 的文件中。例如：

```
Print Str1,Str2
```

Print 方法则把变量 Str1 和 Str2 的值输出到窗体上。

2. Write ♯ 语句

语法格式如下：

```
Write ♯文件号 [,表达式列表]
```

Write ♯语句用于将表达式写到顺序文件中，数据采用紧凑格式存放并以逗号分隔数据项。
说明：
（1）"表达式列表"由一个或多个数值或字符串表达式构成，表达式之间可用空格、分号或逗号隔开，并给字符数据加上双引号。如果缺省表达式列表则插入一个空行。
（2）Write ♯ 语句将数据写入文件后自动插入回车换行。
该语句适用于向划分字段的记录格式文件写入数据。"表达式列表"中的每个表达式写入一个字段，一个 Write ♯ 语句一次写入一条记录。例如：

```
Write ♯1,"Welcome to ChongQing!"
```

例 8.1　编写程序，用 Print ♯语句向文件中写入数据。

```
Private Sub Form_load()
  Dim Str1 as String,Str2 as String
  Open "D:\Example\File1.txt" For Output As ♯1
  Str1 = "Welcome to study"
  Str2 = "visual Basic"
  Print ♯1, Str1
  Print
♯1,Str2
  Print ♯1,Str1;Str2
  Print ♯1,Spc(5);Str1
  Print
♯1,Tab(10);Str2
  Close ♯1
  Unload Me
End Sub
```

程序运行结果如图 8.1 所示。
例 8.2　把 1～100 的 100 个整数，以及这些数中能被 7 整除的数分别存入两个文件中，文件名为 text1 和 text2。

```
Private Sub Form_load()
  Open "D:\Example\text1.txt" For Output As ♯1
```

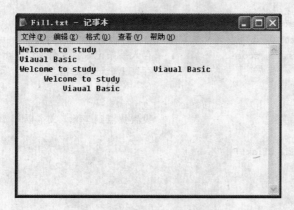

图 8.1　Print ＃语句输出结果

```
   Open "D:\Example\text2.txt" For Output As ＃2
   For  i = 1  To  100
     Write  ＃1, i
     If  i Mod 7 = 0  Then  Write ＃2, i
   Next i
   Close ＃1, ＃2
   Unload Me
End Sub
```

例 8.3　任意输入某小组 3 名学生的成绩,存入 D:\Example 文件夹下的新建顺序文件 Cj2.txt 中。

设计步骤如下:

(1) 创建应用程序的用户界面和设置对象属性,如图 8.2 所示。

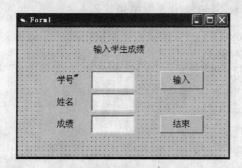

图 8.2　例 8.3 程序设计界面

(2) 设置事件过程。

```
Form_Load(): 新建文件
Command1_Click(): 接收录入信息,并以一条记录存入文件中
Command2_Click(): 关闭文件和结束程序运行
Private Sub Form_Load()
   Open "D:\Example\Cj2.txt" For Output As ＃1
End Sub
Private Sub Command1_Click()
   Dim num As String ∗ 6, name As String ∗ 8, score As Integer
   num = Text1.Text
```

```
    name = Text2.Text
    score = Val(Text3.Text)
    Write #1, num, name, score          '存入一条记录到文件 Cj2.txt
    Text1.Text = ""                     '存完 1 个记录后清空
    Text2.Text = ""
    Text3.Text = ""
    Text1.SetFocus                      '设置焦点到 Text1 文本框
End Sub
Private Sub Command2_Click()
    Close #1
    End
End Sub
```

程序运行结束,利用"记事本"打开该文本文件,显示文件内容如图 8.3 所示。

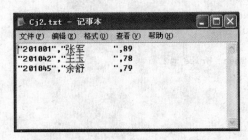

图 8.3   例 8.3 输出结果

说明:在显示的文件内容中,字符串(学号、姓名)两边的引号是系统自动加入的。字段之间通过逗号隔开。

例 8.4   Print 与 Write 语句输出数据结果比较。

```
Private Sub Form_Click()
    Dim Str As String, Anum As Integer
    Open "D:\Example\Myfile.txt" For Output As #1
    Str = "ABCDEFG"
    Anum = 12345
    Print #1, Str,Anum
    Write #1, Str,Anum
    Close #1
    Unload Me
End Sub
```

程序运行结果如图 8.4 所示。

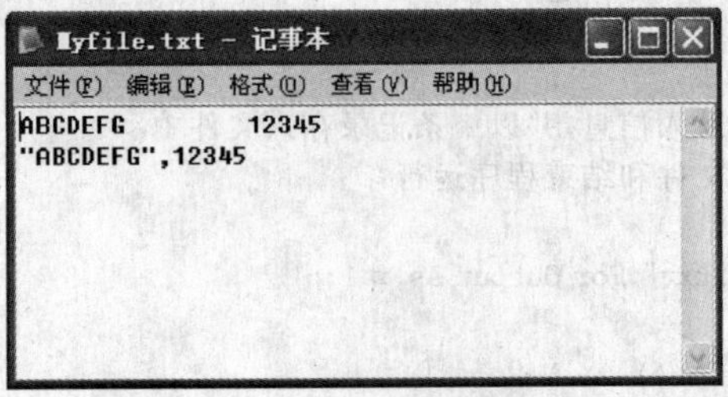

图 8.4   例 8.4 输出结果

8.2.3 顺序文件的读操作

使用 Input 方式打开的顺序文件,可用下面的语句或函数从文件中读取数据。

1. Input # 语句:

语法格式如下:

`Input #文件号,变量表`

该语句用于从打开的顺序文件中读取数据赋值给指定的变量。读取文件中的数据,以字段为单位,读取后依次赋值给"变量表"中的变量,这些变量既可以是数值变量,也可以是字符串变量或者数组变量。"变量表"中的多个变量之间以逗号分隔。

在用 Input #语句把读出的数据赋值给数字变量时,将忽略前导空格、回车或者换行符,把遇到的第一个非空格、非回车和换行符作为数值的开始,遇到空格、回车或者换行符则认为数值结束。对于字符串数据,同样忽略开头的空格、回车或者换行符。如果要把开头带有空格的字符串赋值给变量,则必须把字符串放在双引号中。

使用该语句时,"变量表"的变量个数应与文件中每条记录的字段数相同,且类型匹配,即一次应读出一整条记录。读出的数据不包括字符串字段的定界符和字段之间的分隔符。

为了从打开文件中正确读取数据到变量,文件中数据应是使用 Write # 语句写入(而不是 Print #语句),从而保证每个字段被正确分隔。

2. Line Input # 语句

语法格式如下:

`Line Input #文件号,字符串变量`

该语句从顺序文件中读取一整行到指定字符串变量中,遇到回车符或换行符结束。读完一行后,文件指针指向下一行的第一个字符,下一个 Line Input 语句将读取当前指针指向的行数据。

对于一般的文本文件,一行是指从文件开头或回车换行符到下一个回车换行符之间的部分;对于记录格式文件,一行即一条记录,包括分隔符和定界符,如空格、逗号、双引号等均作为有效字符读到变量中。如 ASCII 码存储的各种语言源程序,都可使用 Line Input # 语句一行一行地读取。

3. Input 函数

语法格式如下:

`Input(读取的字符个数,[#]文件号)`

Input 函数从一个打开的顺序文件中返回指定个数的字符。该函数读取文件中的任何字符,包括回车换行符。调用该函数后,移动文件指针到下一个读取位置。

例 8.5 编写程序,随机生成 50 个 1~100 内的整数,将这些数每行 10 个写入一个数据文件中,然后分别使用 Input #语句、Line Input # 语句和 Input 函数读出该文件,并在文本框中显示。

（1）随机生成 50 个 1～100 内的整数，将数每行 10 个写入数据文件 sj. txt 中。生成文件内容如图 8.5 所示。

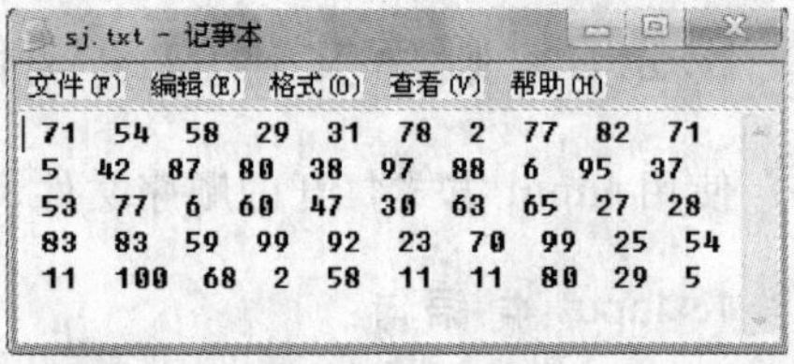

程序代码如下：

图 8.5　生成文件

```
Private Sub Command1_Click()
  Dim i As Integer, s As Integer
  Open "D:\Example\sj.txt" For Output As #1
  For i = 1 To 50
      s = Int(100 * Rnd) + 1            '随机生成 1～100 内的整数
      Print #1, s;                      '写入文件
      If i Mod 10 = 0 Then Print #1,    '10 个数据后写入一空行
Next i
Close #1
End Sub
```

（2）"Line Input # 语句"按钮的单击事件过程，读文件并显示在 Text1 文本框。

```
Private Sub Command2_Click()
  Dim TextLine As String
  Open "D:\Example\sj.txt" For Input As #1
  Text1.Text = ""
  Do While Not EOF(1)
  Line Input #1, TextLine
  Text1.Text = Text1.Text + TextLine + Chr(13) + Chr(10)
  Loop
  Close #1
End Sub
```

（3）"Input # 语句"按钮的单击事件过程，读文件并显示在 Text2 文本框。

```
Private Sub Command3_Click()
  Dim TextData As String
  Text2.Text = ""
  Open "D:\Example\sj.txt" For Input As #2
  Do While Not EOF(2)
    Input #2, TextData
    s$ = s$ + TextData
    i = i + 1
    If i Mod 10 Then s$ = s$ + Chr(13) + Chr(10)
  Loop
  Close #2
  Text2.Text = s
End Subk
```

（4）"Input 函数"按钮的单击事件过程，读文件并显示在 Text3 文本框。

```
Private Sub Command4_Click()
Dim TextVar As String
Text3.Text = ""
Open "D:\Example\sj.TXT" For Input As #3
Do While Not EOF(3)
    TextVar = TextVar + Input(1, #3)
Loop
```

```
Close #3
Text3.Text = TextVar
End Sub
```

启动应用程序的界面及结果如图8.6所示。

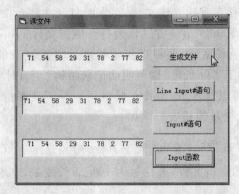

图8.6　例8.5运行结果

8.3　随机文件

随机文件以记录为单位,每条记录包含若干字段,记录和字段都有固定的长度,在使用Open语句打开文件时必须指定记录的长度。文件中的第一条记录或字节位于位置1,第二条记录或字节位于位置2,以此类推。只要指定记录号,就可以计算出该记录与文件首记录的相对地址。记录中每个字段的长度等于相应变量的长度。

记录都有相同的结构和数据类型,在建立和使用随机文件前,必须先声明记录结构和处理数据所需的变量。声明记录结构和数据类型一般用自定义数据类型。例如,将居民区人员信息登记数据建立为一个随机数据文件,可定义数据类型如下:

```
Private Type jmxx
    Sfzh as string * 18
    xm As String * 6
    xb As String * 2
    nl As Integer
    csny As Date
End Type
```

以上是由用户根据实际应用自定义的记录数据类型jmxx,而jmxx记录类型的使用方法与常用数据类型(如Integer、String等)相同,即可以声明该记录类型的变量。例如:

```
Dim jmdj As jmxx
```

声明变量jmdj后,就可以用该变量来存储相关的记录数据。

8.3.1　随机文件的打开与关闭

1. 打开随机文件

随机文件与顺序文件不同,它无论是读取或写入数据,都使用同一Open语句实现。

语法格式如下：

Open <文件名> [For Random] As ♯ <文件号> [Len = 记录长度]

说明：

（1）指定的文件名不存在时建立该文件，存在时打开文件。

（2）打开方式指定为 Random，缺省默认为打开随机文件。

（3）Len 用于指定记录长度，以便根据指定长度计算某记录的位置。缺省值为 128 个字节。当记录指定长度小于实际长度（即声明的记录结构长度）时将产生错误；当记录指定长度大于实际长度，虽然可以写入，却浪费存储空间。为了确保指定长度与实际长度相等，可使用 Len 函数测试记录变量的长度。例如：

Open "D:\Example \student.dat" For Random As ♯1 Len = 30

即打开名为 student.dat 的随机文件，文件号为 1，记录长度是 30。

2. 关闭随机文件语句：Close 语句

语法格式和顺序文件相同。

8.3.2　随机文件的读写操作

1. 随机文件的写操作

写随机文件使用 Put 语句。语法格式如下：

Put ♯<文件号>, [记录号], <变量>

Put 语句把记录类型"变量"的内容写入由"文件号"所指定的随机文件中。

说明：

（1）指定"记录号"参数时，写入记录用指定记录号标识，若文件中已有指定记录号，则该记录被覆盖；若缺省"记录号"，从当前记录（最近执行 Put 或 Get 语句后）的下一条记录开始写入。

（2）记录的"变量"应与记录结构的类型一致。

（3）若要知道文件中有多少条记录，可使用公式（Lof(文件号)/ 记录长度）进行计算。如果要向文件末尾添加记录，可使用公式（Lof(文件号)/ 记录长度＋1)确定添加记录的记录号。Lof 函数返回为文件分配的字节数（即文件的长度）。

（4）若要删除随机文件中的记录，可先创建一个新文件，把不需要删除的所有记录从源文件复制到新文件，关闭原文件并用 Kill 语句删除原文件，再使用 Name 语句把新文件重命名为原文件。例如：

Put ♯1,5,v1

表示将变量 v1 中的内容送到 1 号文件中的第 5 号记录去。

2. 随机文件的读操作

从随机文件中读取数据使用 Get 语句。语法格式如下：

```
Get #<文件号>, [记录号],<变量>
```

Get 语句把由"文件号"所指随机文件中的数据读入"变量"中。

说明：

（1）若指定"记录号"，读取当前记录，缺省"记录号"时，读取当前记录的下一条记录；若要读取连续记录时，可将记录变量声明为记录数组，利用循环语句，提高代码执行效率。

（2）通常用 Get 语句将 Put 语句写入的文件数据读出来。例如：

```
Get #1,2,recd
```

表示将 1 号文件的第 2 号记录读入变量 recd 中。

例 8.6 输入学生基本信息并写入随机文件。登记界面如图 8.7 所示。

程序代码如下：

```
Private Type xsxx
    xh As String * 8
    xm As String * 8
    xb As String * 2
    nl As Integer
End Type
Dim student As xsxx
Dim lastrec As Integer
Dim i As Integer

Private Sub Form_Load()
    Open "D:\Example\student.dat" For Random As #1 Len = Len(student)
End Sub

Private Sub Command1_Click()
    student.xh = Text1.Text
    student.xm = Text2.Text
    student.xb = Text3.Text
    student.nl = Val(Text4.Text)
    lastrec = LOF(1) / Len(student) + 1
    Put #1, lastrec, student
    Text1.Text = ""
    Text2.Text = ""
    Text3.Text = ""
    Text4.Text = ""
    Text1.SetFocus
End Sub

Private Sub Command2_Click()
    lastrec = LOF(1) / Len(student)
    i = i + 1
    If i <= lastrec Then
        Get #1, i, student
        Text1.Text = student.xh
        Text2.Text = student.xm
        Text3.Text = student.xb
        Text4.Text = student.nl
```

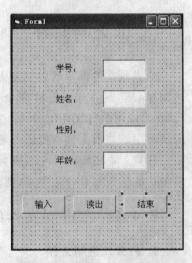

图 8.7 学生基本信息登记界面

```
      Else
          i = 0
      End If
End Sub

Private Sub Command3_Click()
    Close #1
    End
End Sub
```

8.4　二进制文件

　　二进制文件保存的数据是无格式的字节序列,文件中没有记录或字段这样的结构。二进制存取能提供对文件的完全控制,因为文件中的字节可以代表任何东西,如图像文件(.bmp)或可执行文件(.exe)。二进制文件中读写操作位置要由文件指针确定,因而程序中应实时跟踪当前文件指针的位置。

　　注意:要把数据写入二进制文件时,使用 Byte 数据类型的数组,而不是 String 变量。String 被认为包含的是字符,则二进制数据无法正确地存在 String 变量中。

8.4.1　二进制文件的打开与关闭

1. 打开二进制文件

语句: Open 语句。语法格式如下:

Open <文件名> For Binary As #<文件号>

说明:

以二进制方式打开文件和随机存取方式打开文件的不同:

　　(1) 前者使用 For Binary,无记录长度,后者使用 For Random 并指定记录长度。向二进制文件写入数据时,数据长度是可变的,而随机文件是将数据保存在固定长度的字段中。对于保存同样信息而言,为使文件的存储容量更小,应采用二进制存取方式。

　　(2) 二进制存取可以将文件指针移动到文件中的任一字节位置,然后读、写任意个字节。而随机存取每次只能移动一条记录,读取一条记录的长度(固定的字节数)。

2. 关闭二进制文件

语句: Close 语句。
关闭打开的二进制文件,语法格式与前面的文件类型相同。

8.4.2　文件的位置

　　每个打开的二进制文件都有自己的文件指针,文件指针是一个数字值,指向下一次读写操作在文件中的位置。二进制文件中的每一个位置对应一个字节,因此,有 n 个字节的文件就有 n 个位置。

二进制文件每进行一次读写操作,会自动移动文件指针到下一个位置。若要将文件指针随机定位到文件的任意位置,或者获取当前指针的值,可用 Seek( )函数和 Loc( )函数等实现(参见 8.5.2 节)。

8.4.3 二进制文件的读写操作

1. 二进制文件的写操作

二进制文件的读写操作与随机文件的读写操作类似。它们均使用 Get 和 Put 语句读写文件中的数据。二者的区别在于:二进制文件的读写单位为字节,而随机文件的读写单位为记录。语法格式如下:

Put #<文件号>,[<位置>], <变量>

Put 语句从"位置"(写入的起始位置)指定的字节数后开始,向文件写入指定变量的值(字节数与"变量"长度相等)。如果缺省"位置",表示从文件当前指针位置开始写入,写入数据既可是字符型,也可是数值型。

2. 二进制文件的读操作

语法格式如下:

Get #<文件号>,[<位置>], <变量名>

Get 命令从指定位置开始读取字节数等于"变量"长度的数据并存放到"变量"中,如果省略"位置",则从文件当前指针位置开始读取,数据读出后,自动移动("变量"长度个字节)指针到下一个数据位置。

此外,还可用 Input 函数返回从文件当前指针位置开始指定字节数的字符串。通常使用格式为:

变量名 = Input(<字节数>,#<文件号>)

每当打开一个二进制文件时,文件指针指向 1,使用 Get 或 Put 读写语句将改变文件指针的位置。

例 8.7 编写一个复制文件的程序。

```
Private Sub Form_Click()
    Dim char As Byte                          '声明变量的数据类型为 Byte
    Dim FileNum1, FileNum2 As Integer
    FileNum1 = FreeFile                       '提供一个尚未使用的文件号
    Open "D:\Example\subtest.DAT" For Binary As #FileNum1    '打开源文件
    FileNum2 = FreeFile
    Open "D:\Example\subtest.BAK" For Binary As #FileNum2    '打开目标文件
    Do While Not EOF(FileNum1)
        Get #1, , char                        '从源文件读取一个字节
        Put #2, , char                        '读取字节写入目标文件
    Loop
    Close                                     '关闭打开的所有文件
End Sub
```

8.5　常用的文件操作语句和函数

　　VB 中提供了通用的文件及目录操作语句,这些操作不涉及文件内容,而是管理整个文件,如删除、更名和拷贝等。本节主要介绍文件及目录操作的常用语句和函数的功能。对书中未列出的一些语句或函数,读者可以参考 VB 帮助系统中相关说明。

8.5.1　文件操作语句

1. 改变当前驱动器

改变当前的驱动器使用 ChDrive 语句。语法格式如下:

```
ChDrive drive
```

说明:

drive 参数是一个字符串表达式,它指定一个存在的驱动器。如果使用零长度的字符串(""),则当前的驱动器将不会改变。如果 drive 参数中有多个字符,则 ChDrive 只会使用首字母。

2. 改变当前目录

改变当前的目录使用 ChDir 语句,与 Dos 的 CD 命令相同。语法格式如下:

```
ChDir path
```

说明:

path 参数是一个字符串表达式,它指明哪个目录或文件夹将成为新的缺省目录或文件夹。path 可以包含驱动器。如果没有指定驱动器,则 ChDir 在当前驱动器上改变缺省目录或文件夹。

注意:ChDir 语句改变缺省目录位置,但不会改变缺省驱动器位置。

例如,缺省驱动器为 C,则语句 ChDir "D:\TMP" 只会改变驱动器 D 上的缺省目录,而 C 仍然是缺省驱动器。

3. 返回当前路径

返回当前路径使用 Curdir 语句。语法格式如下:

```
CurDir [(drive)]
```

说明:

drive 参数是一个字符串表达式,它指定一个存在的驱动器。如果缺省该参数或 drive 是零长度字符串 (""),则 CurDir 将返回当前驱动器的路径。

注意:与 App 对象的 Path 属性的区别,App. Path 确定当前应用程序本身所在的目录。

例如,设 C 驱动器当前路径为 C:\Windows,D 驱动器当前路径为 D:\Example,C 为当前驱动器。

```
Dim MyPath
MyPath = CurDir                              '返回"C:\WINDOWS\SYSTEM"。
```

```
MyPath = CurDir("C")                    ' 返回"C:\WINDOWS\SYSTEM"。
MyPath = CurDir("D")                    ' 返回"D:\Example"。
```

4. 建立和删除目录

创建一个新的目录或文件夹使用 MkDir 语句，与 Dos 的 MD 命令相同。语法格式如下：

```
MkDir path
```

说明：

path 参数是指定所要创建的目录或文件夹的字符串表达式。path 可以包含驱动器。如果没有指定驱动器，则 MkDir 会在当前驱动器上创建新的目录或文件夹。

删除一个空目录或文件夹使用 RmDir 语句，与 Dos 的 RD 命令相同。语法格式如下：

```
RmDir path
```

说明：

path 参数是一个字符串表达式，用来指定要删除的目录或文件夹。path 可以包含驱动器。如果没有指定驱动器，则 RmDir 会在当前驱动器上删除目录或文件夹。

注意：如果使用 RmDir 语句删除一个含有文件的目录或文件夹，则会产生错误。在试图删除目录或文件夹之前，应先使用 Kill 语句删除目录或文件夹中的所有文件。

5. 删除文件

删除一个或多个（用通配符）文件使用 Kill 语句。语法格式如下：

```
Kill Filename
```

说明：

(1) Filename 参数是指定一个文件名的字符串表达式。Filename 可以包含目录或文件夹以及驱动器。

(2) 在 Microsoft Windows 中，Kill 支持多字符（*）和单字符（?）的通配符来指定多重文件。

例如，假设 D:\Example 目录下的文件 Test1 是一数据文件，下面语句将删除 D:\Example 目录下的文件 Test1。

```
Kill " D:\Example\Test1"
```

下面的语句将当前目录下所有 *.TXT 文件全部删除。

```
Kill " * .TXT"
```

6. 文件重命名

重新命名（或者移动）一个文件、目录和文件夹，使用 Name 语句。语法格式如下：

```
Name oldFileName As newFileName
```

说明：

(1) 若文件名不同，不指定路径或指定相同路径为重命名。

(2) 若文件名相同，指定不同路径为移动文件。

（3）若文件名不同,指定不同路径,则移动并重命名。

（4）对打开的文件使用 Name,将会产生错误。操作之前,先关闭打开的文件。

（5）Name 参数不支持多字符（＊）和单字符（?）的通配符。

例如,使用 Name 语句更改文件名。

```
Dim OldFile as String, NewFile as String
OldFile = "OLDFILE"                    '定义原文件名
NewFile = "NEWFILE"                    '定义新文件名
Name OldFile As NewFile                '更改文件名
OldFile = "D:\Example\OLDFILE"
NewFile = "E:\Example\NEWFILE"
Name OldName As NewName                '更改文件名并移动文件
```

7. 复制文件

复制一个文件使用 FileCopy 语句。语法格式如下:

```
FileCopy source, destination
```

说明:

（1）source 是字符串表达式,表示被复制的源文件名,其中可以包含目录或文件夹以及驱动器。

（2）destination 是字符串表达式,表示复制后的目标文件名,其中可以包含目录或文件夹以及驱动器。

（3）不能对一个打开的文件使用 FileCopy 语句。

例如,使用 FileCopy 语句来复制文件,假设 SRCFILE 为含有数据的文件。

```
Dim SourceFile, DestinationFile
SourceFile = "SRCFILE"                    '指定源文件名
DestinationFile = "DESTFILE"              '指定目标文件名
FileCopy SourceFile,DestinationFile       '将源文件内容复制到目标文件
```

8.5.2　文件操作函数

1. Lof 函数

Lof 函数返回一个用 Open 语句打开的文件的字节数(文件长度)。语法格式如下:

```
Lof(文件号)
```

说明:文件号参数是一个 Integer,包含一个有效的文件号。例如 Lof(1)返回＃1 所关联文件的长度,若返回值为 0,则表示该文件是一个空文件。

注意:对尚未打开的文件,使用 FileLen 函数返回文件长度。

2. Eof 函数

返回一个表示文件指针是否到达文件尾的逻辑值。语法格式如下:

```
Eof(文件号)
```

说明：

（1）使用 Eof 可以避免在文件结尾处进行输入而产生的错误。对于顺序文件，当文件指针到达文件尾时，Eof 函数返回 True，否则返回 False，该函数常用在循环中测试是否已到文件尾。

（2）在访问随机或二进制文件中，如果最后一次执行 Get 语句未能读出一条完整的记录，Eof 返回 True。

例如，使用 Eof 函数检测文件尾。假设 MYFILE 是含有多个文本行的文本文件。

```
Dim InputData
Open "MYFILE" For Input As ＃1          '打开输入文件
Do While Not EOF(1)                     '循环测试文件尾
    Line Input ＃1,InputData            '读一行数据到变量
    Debug.Print InputData               '在立即窗口中显示
Loop
Close ＃1                               '关闭文件
```

3. Loc 函数

Loc 函数返回由"文件号"所指定文件的当前读写位置。语法格式如下：

Loc(文件号)

说明：

（1）对于二进制文件，Loc 函数返回读写的最后一个字节的位置。即当前要读写的上一个字节的位置。

（2）对于随机文件，Loc 函数返回一个记录号，即读写的最后一条记录的记录号（当前读写位置的上一条记录）。

（3）对于顺序文件，Loc 函数返回自文件打开以来读写的记录个数。顺序文件一般不需要使用 Loc 的返回值。

4. FreeFile 函数

FreeFile 函数返回供 Open 语句使用的下一个可用文件号。语法格式如下：

FreeFile (0/1)

说明：

（1）参数指定为 0（或缺省）时，返回 1～255 之间的文件号；指定为 1 时，返回 256～511 之间的文件号。

（2）当程序打开的文件较多时，为避免文件号重复，使用该函数可以把尚未使用的文件号赋给一个变量，利用这个变量作为文件号，用户就不必知道具体的文件号。

例如，使用 FreeFile 函数来返回下一个可用的文件号。在循环中，共打开 5 个输出文件，并在每个文件中写入一些数据。

```
Dim MyIndex, FileNumber
For MyIndex = 1 To 5                              '循环 5 次
    FileNumber = FreeFile                         '取得未使用的文件号
    Open "TEST" & MyIndex For Output As ＃FileNumber  '创建文件名
    Write ＃FileNumber, "This is a sample."       '输出文本至文件中
    Close ＃FileNumber                            '关闭文件
Next MyIndex
```

5. Seek 函数

Seek 函数返回文件指针的当前位置,返回值是介于 1～ 2^31−1 之间的数字。语法格式如下:

Seek(文件号)

说明:

针对各种不同的文件访问方式,该函数的返回值不同。

(1) 假设 TESTFILE 文件内含有用户自定义数据类型 Record 的记录,如果以随机方式 Random 打开文件,Seek 函数返回下一个要读写的记录号。

```
Type Record                        '定义用户自定义数据类型
    ID As Integer
    Name As String * 20
End Type

Dim MyRecord As Record             '声明变量
Open "TESTFILE" For Random As #1 Len = Len(MyRecord)
Do While Not EOF(1)                '循环至文件尾
    Get #1, , MyRecord             '读取下一条记录
    Debug.Print Seek(1)            '立即窗口显示记录号
Loop
Close #1                           '关闭文件
```

(2) 假设 TESTFILE 文件内含有文本数据,如果以 Input、Ouput 或 Appent 方式打开文件,Seek 函数返回下次将要读写(字节)的位置(下一个操作的位置)。

```
Dim MyChar
Open "TESTFILE" For Input As #1    '打开输入文件
Do While Not EOF(1)                '循环至文件尾
    MyChar = Input(1, #1)          '读取下一个字符
    Debug.Print Seek(1)            '立即窗口显示下一字符位置
Loop
Close #1                           '关闭文件
```

习题 8

8.1　思考题

1. 文件的类型有哪几种? 文件的存取方式有哪几种?
2. 随机文件与顺序文件有什么区别?
3. 简述数据文件的结构。
4. 顺序文件的 Print 语句与 Write 语句有什么不同之处?
5. 如何对随机文件进行读写操作?

8.2　选择题

1. 下面关于随机文件的描述,不正确的是＿＿＿＿＿＿。

A. 每条记录的长度必须相同

B. 文件的组织结构比顺序文件复杂

C. 一个文件中记录号不必唯一

D. 可通过编程对文件中的某条记录方便地修改

2. 若以读的方式打开顺序文件 d:\file1.dat,则正确的语句是_____。

A. Open "d:\file1.dat" For Output As #1

B. Open "d:\file1.dat" For Input As #1

C. Open "d:\file1.dat" For Binary As #1

D. Open "d:\file1.dat" For Random As #1

3. 下列访问方式中,_____访问方式不能以不同的文件号打开当前未关闭的文件。

A. Output   B. Input   C. Random   D. Binary

4. 文件号最大可取的值为_____。

A. 255   B. 256   C. 511   D. 512

5. Kill 语句在 VB 语言中的功能是_____。

A. 清除病毒   B. 清除屏幕

C. 清除内存   D. 删除磁盘上的文件

6. 获得打开文件的长度(字节数)应使用_____函数。

A. Lof   B. Len   C. Loc   D. Filelen

7. 向一个顺序文件中写数据时,_____命令是从文件末尾添加的方式打开顺序文件。

A. Output   B. Input   C. Write   D. Append

8. 若省略 Open 语句中的 For 子句,则隐含存取方式为_____。

A. Random   B. Binary   C. Input   D. Output

9. 在随机文件中,以下说法正确的是_____。

A. 记录号是通过随机数产生的   B. 可以通过记录号随机读取记录

C. 记录的内容是随机产生的   D. 记录的长度是任意的

10. 为把一个记录型变量的内容写入文件中指定的位置,所使用的语句格式为_____。

A. Get 文件号,记录号,变量名   B. Get 文件号,变量名,记录号

C. Put 文件号,记录号,变量名   D. Put 文件号,变量名,记录号

8.2 程序设计题

1. 编写程序,统计文本文件(Wost.txt)中英文字母、数字和空格的个数,将结果输出到文件 Host.txt 中。

2. 在一个顺序文件 fader.dat 中,写入 6 组字符串 visual basic,然后再打开文件将文件中的每个单词的首字母都改为大写,重新写入文件。

3. 在 E 盘当前文件夹下建立一个 Stu.txt 的文件,用 Input 函数输入 5 个学生的学号、姓名和性别。

4. 建立一个随机文件,内容包括课程的课程编号、课程名称、学分、任课教师,利用文本框输入数据,并将文件的内容输出到窗体上的一个文本框内。

第9章

用户界面设计

本章知识点：VB用户界面设计的控件工具、方法及其应用，工程结构即应用程序的组成。菜单设计、工具栏设计、对话框设计、多重窗体程序设计。

9.1 菜单设计

在 Windows 环境下，菜单是应用程序界面的组成部分，用来表示程序的各项命令，并把各种命令按功能分组，功能类似的命令放在同一个子菜单中。

在实际的应用中，菜单可分为两种基本类型：下拉式菜单和弹出式菜单。每个菜单项都视为一个控件对象。菜单控件具有定义外观与行为的属性。菜单控件只包含一个事件，即 Click 事件。

9.1.1 下拉式菜单

在关闭状态下，下拉菜单作为菜单栏位于窗口的标题栏下面，当单击其中某一项时，下拉出其相应的子菜单，供用户选择或输入信息，如图 9.1 所示。

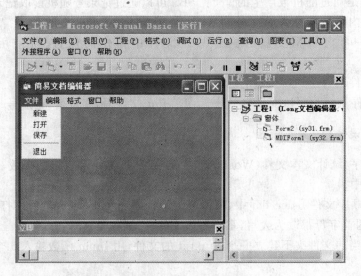

图 9.1 下拉菜单窗口界面

1. 下拉式菜单的结构

（1）菜单栏（或称主菜单行），它是菜单的常驻行。

（2）下一级子菜单，每一项是一个菜单命令或分隔线。

2. 下拉式菜单的优点

（1）整体感强，操作一目了然。

（2）具有导航功能，控制各功能模块的执行。

（3）占用屏幕空间小。

3. 设计下拉式菜单的步骤

（1）建立窗体，添加控件。

（2）打开"菜单编辑器"窗口，设置各菜单项属性。

（3）为相应的菜单命令添加事件过程。

9.1.2 使用菜单编辑器设计菜单

当某个窗体为活动窗体时，可以用如下几种方法打开"菜单编辑器"窗口：

- 选择"工具"菜单下的"菜单编辑器"命令。
- 使用组合键 Ctrl＋E。
- 单击工具栏中的"菜单编辑器"按钮。
- 在要建立菜单的窗体中单击鼠标右击，在弹出的快捷菜单中选择"菜单编辑器"命令。

菜单编辑器分为 3 部分：菜单项属性设置区、菜单项编辑区和菜单项显示区，如图 9.2 所示。

图 9.2 "菜单编辑器"窗口界面

1. 属性设置区

（1）标题：设置菜单栏上显示的文本，相当于控件的 Caption 属性。

① 分隔线的设置。

② 热键的设置。

（2）名称：设置菜单控件的名字，相当于控件的 Name 属性。每个菜单项都必须有个名字，即使分隔线也要有对应的名称。

（3）索引：设置菜单控件数组的下标，相当于控件数组的 Index 属性。可以将若干个菜单项控件定义成一个控件数组，Index 属性用于确定相应菜单控件在数组中的位置。它的值不影响菜单控件的显示位置。

（4）快捷键：是一个列表框，用来设置菜单项的快捷键，即菜单控件的 ShortCut 属性。

① 可以设置或取消快捷键。

② 不能给顶级菜单项设置快捷键。

（5）帮助上下文件 ID：即菜单控件的 HelpContextID 属性，可在该文本框中输入数值，可根据该数值在帮助文件中查找相应的帮助主题。

（6）协调位置：即菜单控件的 NegotiatePosition 属性，用来确定菜单或菜单项是否出现或在什么位置出现。

该属性有以下 4 个选项。

0——None：缺省值，对象活动时，不显示顶级菜单。

1——Left：顶级菜单靠左显示。

2——Middle：顶级菜单居中显示。

3——Right：顶级菜单靠右显示。

（7）复选：即菜单控件的 Checked 属性。

（8）有效：即菜单控件的 Enabled 属性。

（9）可见：即菜单控件的 Visible 属性。

（10）显示窗口列表：即菜单控件的 WindowsList 属性，用来设置在 MDI 应用程序中，决定菜单控件是否包含一个打开的 MDI 子窗体列表。

2. 编辑区

（1）左、右箭头：用于调整菜单项的级别，即增加或减少内缩符号。

① 内缩符号"...."反映了菜单项的级别。

② 单击一次→按钮或←按钮，可降低一个级别或提高一个级别。

③ 下拉式菜单最多可达 6 层。

（2）上、下箭头：用于调整菜单项的位置。单击一次↑按钮或↓按钮，可使菜单项上移一行或下移一行。

（3）下一个按钮：用于编辑下一个菜单项。

（4）插入按钮：用于在选定的菜单项前，插入一个空白菜单项。

（5）删除按钮：用于删除光标所在处的菜单项。

3. 显示区

显示区显示菜单项的分级列表。输入的菜单项以标题为名在此区域中显示，并通过内缩符号表明菜单项的层次。条形光标所在的菜单项是"当前菜单项"。

4. 应用举例

例 9.1 设计菜单界面,窗体中包含一个文本框,3
项主菜单项"编辑"、"格式"和"退出",各主菜单项及其下
拉菜单如图 9.3 所示。其中"编辑"下拉菜单中的子菜单
项用于对文本框 Text1 设置剪切、复制、粘贴和删除功
能,"格式"子菜单项用于对文本框 Text1 设置字体和颜
色功能和"退出"窗体界面功能。

(1) 界面设计见图 9.3。

(2) 属性设置见表 9.1。

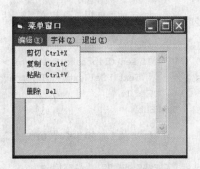

图 9.3 菜单窗体运行界面

表 9.1 各控件的主要属性设置

对　　象	属 性 名 称	属 性 值	
窗体	(名称)	Form1	
	Caption	菜单窗口	
文本框	(名称)	Text1	
	Multiline	True	
主菜单	标题(P)	名称(M)	快捷键(S)
主菜单项 1	编辑(&E)	mnuedit	None
主菜单项 2	字体(&Z)	mnuziti	None
主菜单项 3	退出(&X)	mnuexit	None
编辑子菜单项 1	剪切	cut	Ctrl+X
编辑子菜单项 2	复制	copy	Ctrl+C
编辑子菜单项 3	粘贴	paste	Ctrl+V
编辑子菜单项 4	删除	del	Del
字体子菜单项 1	宋体	songti	
字体子菜单项 2	隶书	dish	
字体子菜单项 3	幼圆	youyuan	

(3) 编写代码。

① 主菜单"编辑"子菜单"剪切"项单击事件过程代码如下:

```
Private Sub cut_Click()
    If Text1.SelLength > 0 Then
        Clipboard.SetText (Text1.SelText)
        Text1.SelText = ""
    End If
End Sub
```

② 主菜单"编辑"子菜单"复制"项单击事件过程代码如下:

```
Private Sub copy_Click()
    If Text1.SelLength > 0 Then
        Clipboard.SetText (Text1.SelText)
    End If
End Sub
```

③ 主菜单"编辑"子菜单"粘贴"项单击事件过程代码如下：

```
Private Sub paste_Click()
    If Len(Clipboard.GetText) > 0 Then
        Text1.SelText = Clipboard.GetText
    End If
End Sub
```

④ 主菜单"编辑"子菜单"删除"项单击事件过程代码如下：

```
Private Sub del_Click()
    If Text1.SelLength > 0 Then
        Text1.SelText = ""
    End If
End Sub
```

⑤ 主菜单"退出"单击事件过程代码如下：

```
Private Sub mnuexit ext_Click()
    End
End Sub
```

9.1.3　弹出式菜单

弹出式菜单通过在窗体的任意位置单击某一鼠标键（一般为鼠标右击）打开。也称它为快捷菜单，或上下文菜单，如图9.4所示。

1. 设计弹出式菜单的方法

（1）使用"菜单编辑器"设计菜单。

（2）将要作为弹出式菜单的顶级菜单设置为不可见。

（3）编写与对象相关联的 MouseDown 事件过程，用 PopupMenu 方法显示弹出式菜单。

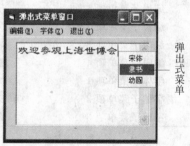

图 9.4　弹出式菜单窗口界面

If Button = 2 Then　鼠标右击弹出菜单

弹出菜单可利用 PopupMenu 方法实现，其语法格式为：

[对象名.] PopupMenu 菜单名 [,flags[,x[,y[,BoldCommand]]]]

说明：

- 对象名：即窗体名，省略该项表示当前窗体。
- 菜单名：是指弹出式菜单的顶级菜单名。
- flags 参数为一些常量数值的设置，包含位置及行为两个指定值。两个常数可以相加或以 or 相连。当 PopupMenu 方法中没有给出 x 值时，flags 参数为行为常数。
- x 和 y：指定弹出式菜单显示位置的横坐标（x）和纵坐标（y）。如果省略，则弹出式菜单在鼠标光标的当前位置显示。
- BoldCommand：指定在显示的弹出式菜单中以粗体字体出现的菜单项的名称。在

　　弹出式菜单中只能有一个菜单项被加粗。

　　例如有如下语句：

```
PopupMenu mnuziti, , , ,dish
```

其中，mnuziti 为顶级菜单名"字体"项，dish 为弹出式菜单中子菜单项名，该命令弹出的菜单如图 9.4 所示，可见名称为"隶书"菜单项。

　　例 9.2　创建弹出式菜单。

　　在例 9.1 的基础上设计一个弹出式菜单，当用户在文本框上单击鼠标右击时，弹出"字体"菜单设置不同字体，运行界面如图 9.4 所示。

　　编写代码：添加一个 Text1_MouseUp()事件过程：

```
Private Sub Text1_MouseUp(Button As Integer, Shift As Integer, X As Single, Y As Single)
    '在文本控件上释放鼠标
    If Button = 2 Then       '其中 Button = 1 单击鼠标左键,Button = 2 单击鼠标右击
        PopupMenu nam        '其中 nam 为顶级菜单名
    End If
End Sub
```

该过程的作用是：当用户按下鼠标键时，判断是否按下的是右击。如果为真，则弹出 nam "字体"菜单项，供用户设置字体。

9.2　工具栏设计

　　工具栏(ToolBar)是为用户快速访问 Windows 应用程序窗口中一组最常用功能和命令的图像控件按钮。制作工具栏可使用工具条(Toolbar)和图像列表(ImageList)控件的组合。Toolbar 控件和 ImageList 控件是 ActiveX 控件，不是 VB 的内部控件，使用时首先打开"工程"菜单的"部件"对话框，如图 9.5 所示，选择 Microsoft Windows Common Controls 6.0，单击"确定"按钮，则 ImageList □ 和 Toolbar ⊔⊔ 等多个控件就添加到工具箱中了。

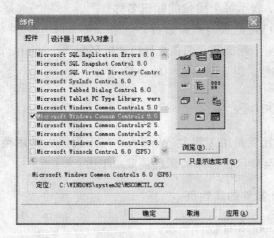

图 9.5　"属性页"对话框

9.2.1　ImageList 控件

ImageList 控件的作用就像是图像库,可以包含任意大小的所有类型的图片文件,但图片的显示大小都相同。它不能单独使用,需要 Toolbar 控件来显示图像库所存储的图像。

1. 图像列表 ImageList 的属性页

用两种方式打开"属性页"对话框,如图 9.6(a)所示。

(1) 用鼠标右击单击该控件,在弹出的菜单中选择"属性"命令。

(2) 选中该控件后,在"属性"窗口中选择"(自定义)"右边的三点按钮。

2. 在 ImageList 控件中存储图像

当打开"属性页"对话框后,选择"图像"选项卡如图 9.6(b)所示,就可以插入图片。

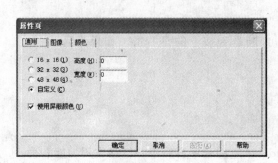

(a) "通用"选项卡

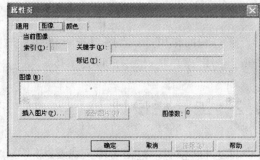

(b) "图像"选项卡

图 9.6　"属性页"对话框

(1) 索引(Index):表示每个图像的编号。

(2) 关键字(Key):表示每个图像的标识名称。

(3) 图像数:表示已经插入的图像数目。

(4) "插入图片"按钮:用于插入图像文件的扩展名为.ico、.bmp、.gif 和.jpg 等的新图像。

(5) "删除图片"按钮:用于删除选中的图像。

9.2.2　Toolbar 控件

Toolbar 控件的作用就是用来定制 Windows 应用程序中常用菜单命令快速访问的图标集合工具栏,该控件会显示在窗体的标题栏菜单下方。

1. 工具条 Toolbar 控件的属性页

(1) 打开方法与 ImageList 控件一致。

(2) "通用"选项卡。

在打开的"属性页"对话框中选择"通用"选项卡如图 9.7 所示。其中的"图像列表"属性将被用来与 ImageList 控件建立关联。

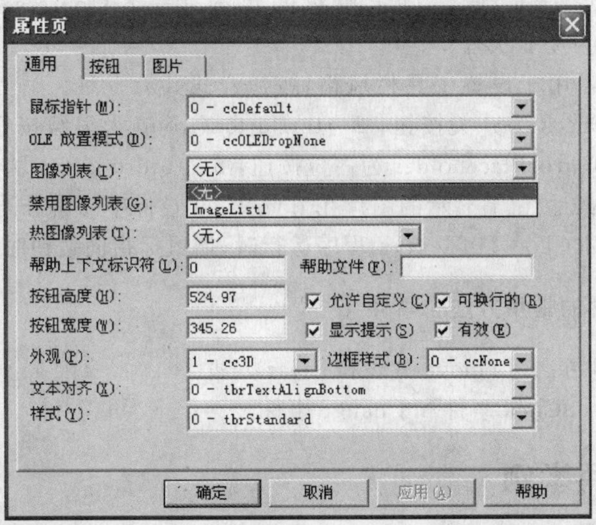

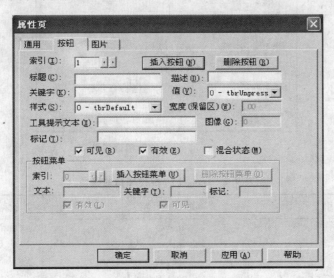

图 9.7　Toolbar 控件"通用"属性页

（3）"按钮"（Buttons）选项卡。

在打开的"属性页"对话框中选择"按钮"选项卡如图 9.8 所示。单击"插入按钮"可将一个新按钮添加到工具栏中。

图 9.8　Toolbar 控件"按钮"属性页

（4）设置新按钮（Button）对象各项功能说明。

- 插入按钮、删除按钮：添加或删除工具栏中的按钮。
- 标题（Caption）：标题是显示在按钮上的文字。
- 描述：描述是按钮的说明信息。
- 索引（Index）、关键字（Key）：每个按钮都有唯一的标识，Index 为整型，Key 为字符串型,访问按钮时可以引用二者之一。

- 值(Value):Value 属性决定按钮的状态,0—tbrUnpressed 为弹起状态,1—tbrPressed,为按下状态。
- 样式(Style):用于设置工具栏风格,按钮样式共有 5 种。0—tbrDefault 为普通按钮,1—tbrCheck 为开关按钮,2—tbrButtonGroup 为编组按钮,3—tbrSepator 为分隔按钮,4—tbrPlaceholder 为占位按钮,5—tbrdropdown 为菜单按钮。
- 图像(Image):按钮上显示的图片在 ImageList 控件中的编号。
- 工具提示文本(ToolTipText):程序运行时,当鼠标指向按钮时显示的说明。

2. Toolbar 控件的常用方法和事件

常用方法:Add 方法、Remove 方法和 Clear 方法。
常用事件:ButtonClick 事件和 Change 事件。

9.2.3　应用举例

例 9.3　工具栏设计

(1) 建立 ImageList 控件。在窗体上添加 ImageList1 控件,在其中装入 6 个图像,属性页如图 9.9 所示,每个图像的属性如表 9.2 所示。

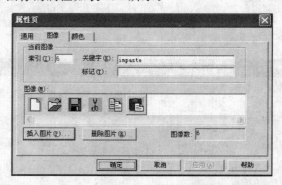

图 9.9　ImageList 控件图像属性页

表 9.2　ImageList 控件图像的属性

索　引	关　键　字	标　题
1	inew	New
2	iopen	Open
3	isave	Save
4	icut	Cut
5	icopy	Copy
6	ipaste	Paste

(2) 建立 Toolbar 控件。在窗体上添加 Toolbar1 控件,在其中建立 6 个按钮,每个按钮的图像来自 ImageList 对象中插入的图像。属性页如图 9.10 所示,在属性页中设置的每个按钮的属性值如表 9.3 所示。其中,索引(Index)属性或关键字(Key)属性来标识被单击的某个按钮。

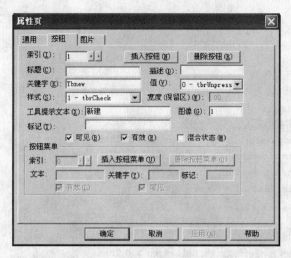

图 9.10 Toolbar 控件"按钮"属性页

表 9.3 Toolbar 控件按钮的属性

索 引	标 题	关 键 字	样 式	工具提示文本	图 像
1	New	Tbnew	1	新建	1
2	Open	Tbopen	1	打开	2
3	Save	Tbsave	1	保存	3
4	Cut	Tbcut	1	剪切	4
5	Copy	Tbcopy	1	复制	5
6	Paste	Tbpaste	1	粘贴	6

（3）ImageList1 控件和 Toolbar1 控件二者关联。就是为工具栏连接图像，在窗体上添加 Toolbar1 控件后，选中该控件，右击鼠标，打开"属性页"对话框中选择"通用"选项卡，通过"图像列表"下拉列表框选取 ImageList1，将 Toolbar1 控件与 ImageList1 控件二者关联在一起。程序运行界面如图 9.11 所示。

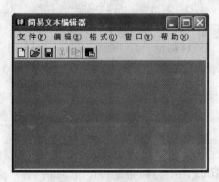

图 9.11 工具栏运行界面

（4）编写 ButtonClick 事件代码。ButtonClick 事件是当单击某个按钮时触发的，可以用按钮的索引（Index）属性或关键字（Key）属性标识被单击的按钮。

例如：单击工具栏 ToolBox1，通过按钮对象的索引（Index）属性来标识被单击的是哪个按钮。程序代码如下：

```
Private Sub Toolbar1_ButtonClick(ByVal Button As TbComctlLib.Button)
    Select Case Button.Index
      Case 1
                '新建文件
                Dim newdoc As New Form2
                newdoc.Show
```

```
Case 2
        '打开文件
        CommonDialog1.Action = 1
Case 3
        '保存文件
CommonDialog1.Action = 2
Case 4
        '剪切操作
    If Screen.ActiveForm.Txtt1.SelLength > 0 Then
        Clipboard.SetText Screen.ActiveForm.Txtt1.SelText
        Screen.ActiveForm.Txtt1.Text = ""
        zhantie.Enabled = True
    End If
Case 5
        '复制操作
    If Screen.ActiveForm.Txtt1.SelLength > 0 Then
        Clipboard.SetText Screen.ActiveForm.Txtt1.SelText
        zhantie.Enabled = True
    End If
Case 6
        '粘贴操作
    If Len(Clipboard.GetText) > 0 Then
        Screen.ActiveForm.Txtt1.SelText = Clipboard.GetText
    End If
    End Select
End Sub
```

9.3　对话框设计

9.3.1　对话框类型

对话框是应用程序在执行过程中与用户进行交流的窗口。它是一个特殊的不可改变大小的窗口,在 VB 中,可以使用 Windows 操作系统提供的通用对话框,还可以根据需要用户自己设计对话框界面。

VB 中的对话框分为 3 类:

(1) 系统预定义对话框:InputBox 和 MsgBox。

(2) 通用对话框:打开(Open)、另存为(Save As)、颜色(Color)、字体(Font)、打印(Printer)和帮助(Help)对话框。

(3) 自定义对话框:也称为定制对话框,这种对话框由用户根据自己的需要进行定义。

9.3.2　通用对话框

VB 提供了一组基于 Windows 的常用的标准对话框界面,用户可以充分利用通用对话框(Common Dialog)控件在窗体上创建如上 6 种标准对话框。

通用对话框不是标准控件,使用前需要先把通用对话框控件添加到工具箱中,操作方法:

（1）选择"工程"菜单中的"部件"命令打开"部件"对话框，如图 9.12 所示。

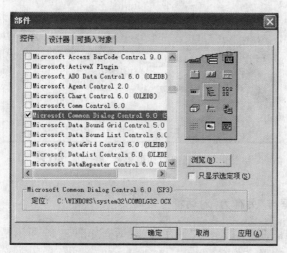

图 9.12　添加通用对话框控件窗口

（2）在控件标签中选定 Microsoft Common Dialog Control 6.0。

（3）单击"确定"按钮退出。通过上面的操作，通用对话框控件 ▥ 即被添加到工具箱中。通用对话框的默认名称（Name 属性）为 CommonDialog1。

在设计状态时，通用对话框控件的大小不能改变。当程序运行时，通用对话框控件是不可见的，直到在程序中用 Action 属性或 Show 方法激活而调出所需的对话框。

使用通用对话框控件可以创建"打开"、"另存为"、"颜色"、"字体"、"打印"和"帮助"对话框。每一种对话框对应一个不同的 Action 功能属性值，也可以使用 VB 提供的一组 Show 方法来打开不同类型的通用对话框。如表 9.4 所示打开通用对话框的属性和方法。

表 9.4　通用对话框 Action 属性值和 Show 方法

Action 属性值	Show 方法	通用对话框类型
1	ShowOpen	"打开"对话框
2	ShowSave	"另存为"对话框
3	ShowColor	"颜色"对话框
4	ShowFont	"字体"对话框
5	ShowPrinter	"打印"对话框
6	ShowHelp	"帮助"对话框

例如：在程序中写语句：Commondialog1.ShowOpen 或 Commondialog1.Action＝1 在运行时，系统就会调出"打开"对话框。

在通用对话框的使用过程中，除了 Action 属性或 Show 方法外，每种对话框还有自己的特殊属性。这些属性可以在"属性"窗口中进行设置，也可以在通用对话框控件的属性对话框中设置。对窗体上的通用对话框控件单击鼠标右击，在弹出的快捷菜单中选择"属性"即可调出通用对话框控件"属性"对话框，如图 9.13 所示。该对话框中有 5 个选项卡标签，可以分别对不同类型的对话框设置属性。

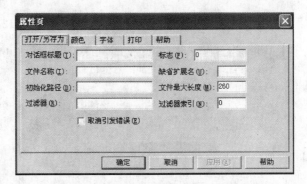

图 9.13 通用对话框控件"属性页"窗口

1. "打开"对话框与"另存为"对话框

"打开"对话框如图 9.14 所示与"另存为"对话框如图 9.15 所示是用来指定文件所在和所要保存的位置文件夹及文件名。

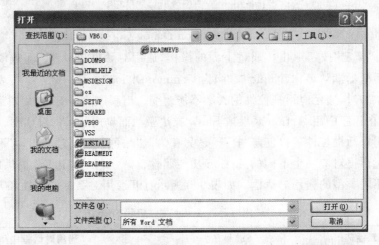

图 9.14 "打开"对话框

图 9.15 "另存为"对话框

（1）FileName（文件名称）属性：设置对话框中要打开或保存的文件路径及文件名。

（2）FileTitle（文件标题）属性：用于指定文件对话框中用户选择的文件名或输入的文件名。该属性所指定的只是文件名，不含路径。

（3）Filter（过滤器）属性：设置对话框中可以显示的文件类型或保存的文件类型，其格式为：

文件说明字符1|类型描述1|文件说明字符2|类型描述2|…

例如：在对话框的文件类型列表框中若要显示"Word 文档（*.doc）"、"文本文件（*.txt）"和"所有文件（*.*）"3 种类型，则 Commondialog1.Filter 属性应设置为：

.DOC 文档（*.doc）|*.doc|文本文件（*.txt）|*.txt|所有文件（*.*）|*.*

（4）FilterIndex（过滤器索引）属性：当 Filter 属性设置了多种文件类型时，该属性设置默认的文件类型。

（5）InitDir（初始化路径）属性：设置对话框的初始文件的目录。

2．"颜色"对话框

"颜色"对话框最重要的属性是 Color 属性，它用来设置或返回选定的颜色。单击"确定"按钮时，将把用户在"颜色"对话框中选择的颜色所对应的颜色值返回给该属性，如图 9.16 所示。

3．"字体"对话框

"字体"对话框是供用户选择字体、大小、样式和颜色等。常用属性如图 9.17 所示。

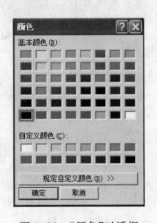

图 9.16 "颜色"对话框

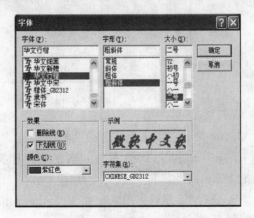

图 9.17 "字体"对话框

（1）FontName 属性：该属性为用户所指定字体的名称。

（2）FontSize 属性：该属性为用户所指定字体的大小。

（3）FontBold、FontItalic、FontStrikeThru 和 FontUnderlinc 属性：这些属性为用户所定字体的字形和效果，分别对应加粗、斜体、删除线和下划线。

（4）Color 属性：该属性为用户所指定字体的颜色。

（5）Flags 属性：该属性可以修改每个具体的对话框的默认操作。在显示"字体"对话

框前必须设置该属性,否则会发生不存在字体的错误。常用几种 Flags 属性的常数值及含义如下:

- Flags = cdlCFScreenFonts(&H1)使对话框中只列出系统支持的屏幕字体。
- Flags = cdlCFPrinterfects(&H2)使对话框中只列出指定的打印机支持的字体。
- Flags = cdlCFBoth(&H3)使对话框中只列出打印机和屏幕支持的字体。
- Flags = cdlCFEffects(&H100)使对话框中允许设置删除线、下划线和颜色效果。

4."打印"对话框

"打印"对话框可以设置打印输出方式,打印机类型,选择打印范围和打印的份数等。常用属性如图 9.18 所示。

图 9.18 "打印"对话框

(1) Copies 属性:指定要打印的文档的份数。

(2) FromPage 和 ToPage 属性:指定要打印文档的页面范围。如果要使用这两个属性,必须把 Flags 属性设置为 2。

(3) Max 和 Min 属性:用来限制 FromPage 和 ToPage 的范围,其中 Min 指定所允许起始页码,Max 指定所允许的最后页码。

5."帮助"对话框

"帮助"对话框可以将已创建好的"帮助"文件与"帮助"窗口连接起来,以显示帮助信息。常用属性如图 9.19 所示。

(1) HelpCommand 属性:返回或设置所需要的在线 Help 帮助类型。

(2) HelpFile 属性:指定 Help 文件的路径及文件名称。

(3) HelpKey 属性:返回或设置标识请求的帮助主题的关键字。

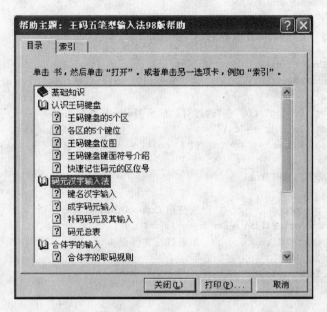

图9.19 "帮助"对话框

(4) HelpConText 属性：自动显示 HelpFile 属性中指定的帮助主题的上下文 ID。

例 9.4 设计一个如图 9.20 所示的窗体界面,其中包含 1 个文本框控件、7 个命令按钮控件和 1 个通用对话框控件。程序运行后,单击命令按钮,可打开相应的通用对话框,并实现对应的对话框功能。

(1) 界面设计。

在窗体上添加控件如图 9.20 所示：Text1、Command1~Command7、CommonDialog1。

(2) 属性设置见表 9.5。

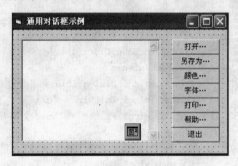

图9.20 "通用对话框示例"界面

表 9.5 窗体对象属性设置

控件名称（Name）	属性名称	属 性 值
Form1（窗体）	Caption	通用对话框示例界面
Text1（文本 1）	Caption	空白
	MultiLine	True
	Scrollbars	3-Both
cmdOpen（命令按钮 1）	Caption	打开…
cmdSave（命令按钮 2）	Caption	另存为…
cmdColor（命令按钮 3）	Caption	颜色…
cmdFont（命令按钮 4）	Caption	字体…
cmdPrinter（命令按钮 5）	Caption	打印…
cmdHelp（命令按钮 6）	Caption	帮助…
cmdEnd（命令按钮 7）	Caption	退出
commonDialog1（通用对话框）		

(3) 编写代码。

"打开"(Open)对话框,单击事件过程代码如下:

```
Private Sub cmdOpen_Click()
    On Error Resume Next             '当出现错误时,不提示,继续执行下一语句
    Dim StrTxt $
    CommonDialog1.DialogTitle = "通过对话框示例——打开对话框"
    CommonDialog1.InitDir = "c:\"
    CommonDialog1.Filter = "Word文档( * .doc)| * .doc|文本文件( * .txt)| * .txt|所有文件
( * . * )| * . * "
    CommonDialog1.FilterIndex = 2
    Text1.Text = ""
CommonDialog1.ShowOpen                '或使用 CommonDialog1.Action = 1
    Open CommonDialog1.FileName For Input As #1
    If Err.Number = 0 Then            '如果打开文件正确
        Do While Not EOF(1)
            Line Input #1, StrTxt
            Text1 = Text1 + StrTxt + vbCrLf
        Loop
        Close #1
    End If
End Sub
```

"另存为"(Save As)对话框,单击事件过程代码如下:

```
Private Sub cmdSave_Click()
    Dim i As Integer
    CommonDialog1.DialogTitle = "通过对话框示例——另存为对话框"
    CommonDialog1.InitDir = "c:\"
    CommonDialog1.Filter = "Word文档( * .doc)| * .doc|文本文件( * .txt)| * .txt|所有文件
( * . * )| * . * "
    CommonDialog1.FilterIndex = 2
    CommonDialog1.DefaultExt = " * .Txt"
    'CommonDialog1.ShowSave
    CommonDialog1.Action = 2
    Open CommonDialog1.FileName For Output As #1
    For i = 1 To Len(Text1)
        Print #1, Mid $ (Text1, i, 1);
    Next i
    Close #1
End Sub
```

"颜色"(Color)对话框,单击事件过程代码如下:

```
Private Sub cmdColor_Click()
    CommonDialog1.ShowColor                      '或使用 CommonDialog1.Action = 3
    Text1.ForeColor = CommonDialog1.Color        '设置文本框的前景色
End Sub
```

"字体"(Font)对话框,单击事件过程代码如下:

```
Private Sub cmdFont_Click()
```

```
    CommonDialog1.Flags = cdlCFScreenFonts Or cdlCFEffects
    CommonDialog1.Max = 100
    CommonDialog1.Min = 1
    CommonDialog1.ShowFont
    'CommonDialog1.Action = 4
    Text1.FontName = CommonDialog1.FontName            '设置文本框中的字体
    Text1.FontSize = CommonDialog1.FontSize            '设置字体大小
    Text1.FontBold = CommonDialog1.FontBold            '设置粗体字
    Text1.FontItalic = CommonDialog1.FontItalic        '设置斜体字
    Text1.FontStrikethru = CommonDialog1.FontStrikethru '设置删除线
    Text1.FontUnderline = CommonDialog1.FontUnderline  '设置下划线
End Sub
```

"打印"(Printer)对话框,单击事件过程代码如下:

```
Private Sub cmdPrinter_Click()
    On Error Resume Next ' 当出现错误时,不提示,继续执行下一语句
    Dim i As Integer
    CommonDialog1.ShowPrinter                          '或使用 CommonDialog1.Action = 5
    For i = 1 To CommonDialog1.Copies
        Printer.Print Text1.Text                       '打印文本框的内容
    Next i
    Printer.EndDoc                                     '结束打印
End Sub
```

"帮助"(Help)对话框,单击事件过程代码如下:

```
Private Sub cmdHelp_Click()
    CommonDialog1.HelpCommand = cdlHelpContents          '帮助类型
    CommonDialog1.HelpFile = "c:\windows\help\notepad.hlp"  '帮助文件
CommonDialog1.ShowHelp                                  '或使用 CommonDialog1.Action = 6
End SubEnd Sub
```

"退出"(Exit)单击事件过程代码如下:

```
Private Sub Command7_Click()
End
End Sub
```

(4) 运行、调试、保存程序。

9.3.3　自定义对话框

1. 创建自定义对话框的方法

(1) 向工程添加窗体。
(2) 在窗体上创建其他控件对象,定义对话框的外观。
(3) 设置窗体和控件对象的属性。
(4) 在代码窗口中创建事件过程。

2. 自定义对话框的属性设置

通常应设置如表 9.6 所示的自定义对话框属性。

表 9.6　自定义对话框图属性设置

属　　性	值	说　　明
BorderStyle	1	边框类型为固定的单个边框,防止对话框在运行时被改变尺寸
ControlBox	False	取消控制菜单框
MaxButton	False	取消最大化按钮,防止对话框在运行时被最大化
MaxButton	False	取消最小化按钮,防止对话框在运行时被最小化

3. 使用对话框模板创建对话框

VB 6.0 系统提供了多种不同类型的对话框模板窗体,通过"工程"菜单中的"添加窗体"命令,即可打开"添加窗体"对话框,如图 9.21 所示。用户可在对话框模板窗体上加以调整,形成自己的对话框。

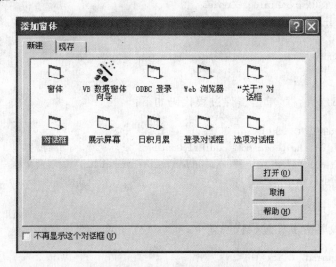

图 9.21　自定义对话框模板窗体

9.4　多重窗体程序设计

多重窗体和多文档界面适用于较为复杂的应用程序。在 VB 应用程序设计中,只有单一窗体的应用程序往往不能满足需要,特别是对于较复杂的应用程序,都必须通过多重窗体(Multi-Form)来实现。在多重窗体程序中,每个窗体可以有自己的界面和程序代码,分别完成不同的功能。利用多重窗体,可以设计较复杂的多功能对话窗口,从而取代如 InputBox 或 MsgBox 这样的标准对话框。

9.4.1　多重窗体的建立

建立多重窗体的操作步骤如下：

（1）单击"工程"菜单中的"添加窗体"命令（或单击工具栏上的"添加窗体"按钮），打开"添加窗体"对话框。

（2）单击"新建"选项卡，从列表框中选择一种新窗体的类型；或单击"现存"选项卡，将属于其他工程的窗体添加到当前过程中。窗体添加完成后，VB集成环境中的工程窗口就会显示出新的窗体。添加了多个窗体后的"工程"窗口如图9.22所示。

（3）程序运行时，首先执行的对象默认为创建的第一个窗口 Form1，称为启动对象。若要指定其他窗体或 Main 子过程为启动对象，则需要选择"工程"菜单中的"工程属性"命令，打开"工程属性"对话框。在"启动对象"列表框中列出了当前工程的所有窗体，从中选择要作为启动窗体的窗体后，单击"确定"按钮即可。

图 9.22　多重窗体应用程序的"工程"窗口

（4）多窗体应用程序启动时，只会显示其启动窗体。若程序需要在各个窗体之间进行切换，则需要使用相应的语句来执行对其他窗体的显示。这些语句涉及窗体的"建立"、"装入"、"显示"、"隐藏"及"删除"等操作。

9.4.2　有关窗体的语句和方法

1. Load 语句

格式如下：

Load　窗体名称

功能：将一个窗体装入内存。执行 Load 语句后，可以引用窗体中的控件及各种属性，但不显示窗体。

说明：在首次用 Load 语句将窗体调入内存时，依次发生 Initialize 和 Load 事件。

2. Unload 语句

格式如下：

Unload　窗体名称

功能：从内存中删除窗体。Unload 语句的功能与 Load 语句相反。

说明：Unload 的一种常见用法是 Unload Me，其意义是卸载窗体自己。在用 Unload 语句将窗体从内存中卸载时会发生 Unload 事件。

3. Show 方法

格式如下：

[窗体名称.]Show [模式]

功能：显示一个窗体。执行 Show 方法时，如果窗体不在内存中，则 Show 方法自动把窗体装入内存，并显示出来。

说明："模式"用来确定窗体的状态，有 0 和 1 两个值。若模式为 1，表示窗体是模式窗体，即用户必须在关闭该窗体后，才能对其他窗体进行操作；若模式为 0，表示窗体是非模式窗体，用户可以同时对其他窗体进行操作。用 Show 方法让窗体成为活动窗口时会发生窗体的 Activate 事件。

4. Hide 方法

格式如下：

`[窗体名称.]Hide`

功能：隐藏窗体对象，但不能从内存中卸载。

说明：隐藏窗体时，窗体从屏幕上被删除，并将其 Visible 属性设置为 False。用户将无法访问隐藏窗体上的控件，但是对于运行中的 VB 应用程序，或对于通过 DDE 与该应用程序通信的进程及对于 Timer 控件的事件，隐藏窗体的控件仍然是可用的。窗体被隐藏时，用户只有等到被隐藏窗体的事件过程的全部代码执行完后，才能够与该应用程序交互使用。调用 Hide 方法时，如果窗体还没有加载，Hide 方法将加载该窗体，但不显示它。

9.4.3　多重窗体的应用

多重窗体与单一窗体的区别是：多重窗体需要在多个窗体之间进行切换操作和数据交换。不同窗体之间可通过存取控件或全局变量的值来进行数据交换。

1. 存取其他窗体中控件的属性

格式如下：

`其他窗体名.控件名.属性`

功能：在当前窗体中存取另一个窗体中某个控件的属性。

例如，Text1. Text＝Form2. Option1. Caption，该语句将读取窗体 2 的单选项的标题，并为本窗体的文本框的文本属性赋值。

2. 存取全局变量

格式如下：

`其他窗体名.全局变量名`

功能：在当前窗体中存取在另一个窗体中声明为全局变量的值。

9.4.4　多文档界面

多文档界面由一个父窗体（MDI 窗体）和一个或多个子窗体（SDI 窗体）组成。MDI 窗体作为子窗体的容器，子窗体包含在父窗体内，用来显示各自的文档。所有子窗体都具有相同的功能，主窗体的位置移动会导致子窗体的位置发生相应变化。

在 Windows 中,文档分为单文档(SDI)和多文档(MDI)两种,"记事本"应用程序是单文档界面,每次只能打开一个文件。新建文件时,当前编辑的文件就必须被替换掉。而 Word 文字处理软件是多文档界面程序,允许用户同时打开两个以上的文档文件进行操作。

9.4.5　创建多文档界面应用程序

1. 创建 MDI 窗体

用户要建立一个 MDI 窗体,可以选择"工程"菜单中的"添加 MDI 窗体"命令,会弹出"添加 MDI 窗体"对话框,选择"新建 MDI 窗体"或"现存"的 MDI 窗体,再选择"打开"按钮。多文档应用程序工程窗口结构如图 9.23 所示。

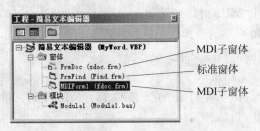

图 9.23　多文档应用程序工程窗口结构

一个应用程序只能有一个 MDI 父窗体,可以有多个 MDI 子窗体。

MDI 窗体类似于具有一个限制条件的普通窗体,除非控件具有 Align 属性(如 PictureBox 控件)或者具有不可见界面(如 CommonDialog 控件和 Timer 控件),不能将控件直接放置在 MDI 窗体中。

2. 创建 MDI 子窗体

在创建 MDI 父窗体后,选择"工程"菜单中的"添加窗体"命令创建新窗体,然后将它的 MDIChild 属性设置为 True。此时,该窗体成为 MDI 父窗体的子窗体。也可通过将已存在的窗体的 MDIChild 属性设置为 True 来创建 MDI 子窗体。子窗体独立于父窗体,与普通的窗体没有任何区别,可以在子窗体中增加控件、设置属性及编写代码等。要创建多个子窗体,通过窗体类来实现:

```
Public Sub FileNewProc()
    Static No As Integer
    Dim NewDoc As New frmMDIChild
    No = No + 1
    NewDoc.Caption = "no" & No
    NewDoc.Show
End Sub
```

9.4.6　显示 MDI 窗体及其子窗体

要显示任何窗体都可使用 Show 方法。显示 MDI 窗体及其子窗体的有关规则为:

(1) 加载子窗体时,其父窗体会自动加载并显示,反之则无。

(2) MDI 窗体有 AutoShowChildren 属性,决定是否自动显示子窗体。

9.4.7　维护子窗体的状态信息

MDI 窗体被卸载时，MDI 窗体将触发 QueryUnload 事件，通过编写 MDI 窗体的 QueryUnload 事件驱动子程序来保存信息。

9.4.8　MDI 应用程序中的菜单

在 MDI 应用程序中，MDI 窗体和子窗体中都可以建立菜单。每一个子窗体的菜单都显示在 MDI 窗体中，而不是在子窗体本身。当子窗体有焦点时，该子窗体的菜单（如果有的话）就代替 MDI 窗体的菜单栏上的菜单。如果没有可见的子窗体，或者如果带有焦点的子窗体没有菜单，则显示 MDI 窗体的菜单。

（1）创建 MDI 应用程序的菜单。

（2）多文档界面中的"窗口"菜单。

① 显示打开的多个文档窗口

要在某个菜单上显示所有打开的子窗体标题，只需利用菜单编辑器将该菜单的 WindowList 属性设置为 True。

② 排列窗口

利用 Arrange 方法进行层叠、平铺和排列图标。语法格式为：MDI 窗体对象. Arrange 排列方式。如表 9.7 窗口排列方式属性设置。

表 9.7　窗口排列方式属性设置

常　　数	值	描　　述
vbCascade	0	层叠所有非最小化窗口
vbTileHorizontal	1	水平平铺所有非最小化窗口
vbTileVertical	2	垂直平铺所有非最小化窗口
vbAnangeIcons	3	重排非最小化窗口

多重窗体和多文档界面的应用：一个简易文档编辑器应用程序界面如图 9.24 所示。由一个主窗体和多个子窗体及菜单组成。

单击"窗口"菜单的下拉菜单项，将打开的窗体按不同方式排列。

```
Private Sub WindowCascade_Click()
'层叠式排列
        MDIForm1.Arrange 0
End Sub
Private Sub WindowHorizontal_Click()
'水平方向平铺
        MDIForm1.Arrange 1
End Sub
Private Sub WindowVertical_Click()
'垂直方向平铺
        MDIForm1.Arrange 2
End Sub
```

图 9.24　一个简易文档编辑器应用程序界面

```
Private Sub WindowIcons_Click()
'重排最小化子窗体图标
      MDIForm1.Arrange 3
End Sub
```

习题 9

9.1 思考题

1. 怎样设计弹出式菜单？

2. 如何在程序中显示通用对话框？

3. 如何将窗体设置为 MDI 子窗体？ MDI 子窗体是否可以建立菜单？

4. 在使用"字体"对话框之前必须设置什么属性值？ 要控制字体的颜色，又将如何设置 Flags 属性？

5. 简述 Toolbar 控件在应用程序中设计工具栏的操作步骤。

9.2 单选题

1. 下列操作中不能向工程中添加窗体的是_____。

A. 执行"工程"菜单的"添加窗体"菜单项

B. 单击工具栏上的"添加窗体"按钮

C. 鼠标右击单击窗体，弹出的菜单中选择"添加窗体"菜单项

D. 用鼠标右击单击"工程资源管理器"，在弹出的菜单中选择"添加"菜单项，然后再在下一级菜单中选择"添加窗体"菜单项

2. 当一个工程中含有多个窗体时，其中的启动窗体是_____。

A. 启动 VB 时建立的窗体　　　　　　B. 第一个添加的窗体

C. 最后一个添加的窗体　　　　　　　D. 在"工程属性"窗口中指定的启动窗体

3. 如果有一个菜单项，名称为 mnuFile，则在运行时使菜单失效的语句是_____。

A. mnuFile.Visible = True　　　　　B. mnuFile.Enabled = True

C. mnuFile.Enabled = False　　　　D. mnuFile.Visible = False

4. 关于 MDI 窗体正确的是_____。

A. 一个应用程序可以有多个 MDI 窗体　　B. 子窗体可以移到 MDI 窗体外

C. 不能在 MDI 窗体中放置按钮控件　　　D. MDI 窗体的子窗体不能有菜单

5. 在菜单过程中使用的事件是利用鼠标_____菜单条来实现的。

A. 拖动　　　　　　B. 双击　　　　　　C. 单击　　　　　　D. 移动

6. 与 CommonDialog1.Action = 3 等效的方法是_____。

A. CommonDialog1.ShowOpen　　　　　B. CommonDialog1.ShowFont

C. CommonDialog1.ShowColor　　　　　D. CommonDialog1.ShowSave

7. 在窗体中添加了通用对话框控件 CommonDialog1，并运行语句"CommonDialog1. Filter = "文本文件(＊.txt)|＊.txt|Word 文件(＊.doc)|＊.doc""，则在对话框的文件列

表框中出现的选项个数是_____。

A. 1   B. 4   C. 2   D. 不确定

8. 工具栏按钮的图像控件是_____。

A. Picture 控件   B. Image 控件

C. ImageList 控件   D. Shape 控件

9.3 填空题

1. 在 VB 中可以建立_____菜单和_____菜单。

2. 创建工具栏需要_____控件和_____控件组合。

3. 当单击工具栏中的某个按钮时触发_____事件。

4. 如将某窗体定义为一个 MDI 子窗体,需要将其_____属性设置为 True。

5. 一个应用程序最多可以有_____个 MDI 父窗体。

9.4 程序设计题

1. 设计一个窗体 Form1,窗体标题为"多窗体应用",并在窗体中放置一个图片框显示图像,当单击窗体或图片框时,出现第二个窗体 Form2 隐藏 Form1,Form2 中放置一个"退出"按钮结束程序,如果单击 Form2 的"退出"按钮则卸载 Form2 显示 Form1,单击 Form1 的"关闭"按钮结束程序。

2. 设计一个简易文档编辑器或记事本。利用通用对话框控件、菜单、多重窗体和多文档界面的应用,实现"文件"、"编辑"、格式"、"窗口"和"帮助"功能。应用程序窗口界面如图 9.25 所示。

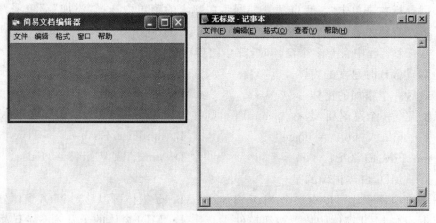

图 9.25 应用程序窗口界面

第 10 章
数据库基本应用

本章知识点：数据库的基本知识和有关操作，主要内容有：数据库的基础知识，数据库的创建及基本操作，数据库的访问方法、Data 控件和 ADO 控件的使用方法。

在各行各业的信息处理中，数据库技术得到了普遍应用。数据库技术所研究的问题是如何科学地组织和存储数据，如何高效地获取和处理数据。随着相关技术的不断发展和 VB 本身功能的增强，VB 的应用越来越广泛。由于 VB 具有比较好的数据库接口和数据处理能力，因此，现在 VB 更多的被作为数据库应用程序的开发工具。VB 在数据库方面提供了强大的功能和丰富的工具。利用 VB 提供的数据库管理功能，可以很容易地进行数据库应用程序的开发。

10.1 数据库基础

10.1.1 数据库的基本概念

什么是数据库？数据库是按一定方式组织、存储、处理相互关联的数据的集合。如何理解这个定义？与 MS Word 中所处理的文档相比，Word 的文档都没有固定的格式，文档的长短、格式均没有统一的规定。而数据库中保存的是有一定格式的数据。

数据库管理系统（Database Management System，DBMS）则提供了数据在数据库内存放方式的管理能力，使编程人员不必像使用文件那样考虑数据的具体操作或数据连接关系的维护。

DBMS 从产生直至发展到现在，出现了多种类型。根据数据模型，即实现数据结构化所采用的联系方式，数据库可分为层次数据库、网状数据库和关系数据库。其中关系数据库是目前最流行的数据库，关系数据库建立在严格的数学概念基础上，采用单一的数据结构来描述数据之间的联系，并且提供了结构化查询语言 SQL 的标准接口，因此具有强大的功能和良好的数据独立性与安全性。

关系数据库把数据用表的集合表示。即把每个实体集合或实体间的联系看成是一张二维表（关系表），下面介绍关系数据库的有关概念：

1. 数据表

数据表是一组相关联的数据按行和列排列形成的二维表格，简称为表。其中每一行为一条记录,每一列为一个字段,所有的记录构成一张二维表格。

2. 字段

在二维数据表中每一列为一个字段,数据表头的每一列为字段的名称,各字段名互不相同。每个字段都具有数据类型、最大长度及其他属性。列出现的顺序是任意的,但同一列中的数据类型必须相同。

3. 记录

每张二维表均由若干行和列构成,其中每一行称为一条记录(Record),每条记录由多个字段组成,任意两条记录都不可能完全相同,但记录出现的先后次序可以任意。

4. 主键

关系数据库中的某个字段或某些字段的组合定义为主键(Primary Key)。每条记录的主键值都是唯一的,这就保证了可以通过主键唯一标识一条记录。

5. 索引

索引是为了加快访问数据库的速度并提高访问效率,特别赋予数据表中的某一个字段的性质,使得数据表中的记录按照该字段的某种方式排序。当数据库较大时,为了查找指定的记录,使用索引和不使用索引的效率有很大差别。索引实际上是一种特殊类型的表,其中含有关键字段的值(由用户定义)和指向实际记录位置的指针,这些值和指针按照特定的顺序(也由用户定义)存储,从而可以以较快的速度查找到所需要的数据记录。

6. 关系

在关系数据库中,数据以关系的形式出现,可以把关系理解成一张二维表。一个关系数据库可以由一张或多张表组成,表与表之间用不同的方式关联就是关系表,每张表都有一个名称,即关系名。

10.1.2   VB 中的数据访问

VB 6.0 包含一个完整的数据库系统。这个数据库运行在系统的后台,称为数据库引擎(Database Engine)。数据库引擎提供了数据库的全部功能,不过我们从界面上看不到这个引擎。VB 提供的数据库引擎叫 Jet。VB 提供了两种与 Jet 数据库引擎接口的方法:Data 控件(Data Control)和数据访问对象(Data Access Object,DAO)。Data 控件只提供了有限的不需编程就能访问现存数据库的功能,而 DAO 模型则是全面控制数据库的完整编程接口。这两种方法不是互斥的,实际上,它们可以同时使用。

VB 6.0 使用的数据引擎与 Microsoft Access 数据库管理系统后台引擎是相同的,因而它们具有相同的文件格式,数据库文件的扩展名都是. mdb,也就是说,在 Microsoft Access 中创建的数据库可以使用 VB 6.0 方便地查询其中的数据,或进行数据的维护。

VB 中的数据库编程就是创建数据访问对象,这些数据访问对象对应于被访问的物理数据库的不同部分,如 Database(数据库)、Table(表)、Field(字段)和 Index(索引)对象。用这些对象的属性和方法来实现对数据库的操作。VB 通过 DAO 和 Jet 引擎可以识别 3 类数据库：

（1）VB 数据库：也称为本地数据库，这类数据库文件使用与 Microsoft Access 相同的格式。Jet 引擎直接创建和操作这些数据库并且提供了最大限度的灵活性和速度。

（2）外部数据库：VB 可以使用几种比较流行的"索引顺序访问文件方法（ISAM，Indexed Sequential Access Method）"数据库，包括：dBASE Ⅲ、dBASE Ⅳ、FoxPro 2.0 和 2.5 以及 Paradox 3.x 和 4.x。在 VB 中可以创建和操作所有这些格式的数据库，也可以访问文本文件数据库和 Excel 或 Lotus 1-2-3 电子表格文件。

（3）ODBC（Open Database Connection）数据库：包括符合 ODBC 标准的客户机/服务器数据库，如 Microsoft SQL Server。如果要在 VB 中创建真正的客户机/服务器应用程序，可以使用 ODBC Direct 直接把命令传递给服务器处理。

利用 VB 建立数据库应用程序主要的工作是分析实际问题，定义并建立数据库，编写 VB 访问、处理数据库的数据程序。由于本课程的重点不是数据库的建立和开发，因此，仅介绍简单的数据库的概念和 VB 中建立数据库应用程序的方法。

10.1.3　VB 数据库体系结构

VB 提供了基于 Microsoft Jet 数据库引擎的数据访问能力，Jet 引擎负责处理存储、检索、更新数据的结构，并提供了功能强大的面向对象的 DAO 编程接口。

VB 数据库应用程序包含 3 部分，如图 10.1 所示。

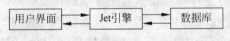

图 10.1　VB 数据库应用程序的组成

数据库引擎位于程序和物理数据库文件之间。这把用户与正在访问的特定数据库隔离开来，实现"透明"访问。不管这个数据库是本地的 VB 数据库，还是所支持的其他任何格式的数据库，所使用的数据访问对象和编程技术都是相同的。

1. 用户界面和应用程序代码

用户界面是用户所看见的用于交互的界面，它包括显示数据并允许用户查看或更新数据的窗体。驱动这些窗体的是应用程序的 VB 代码，包括用来请求数据库服务的数据访问对象和方法，如添加或删除记录，或执行查询等。

2. Jet 引擎

Jet 引擎被包含在一组动态链接库（DLL）文件中。在运行时，这些文件被链接到 VB 程序。它把应用程序的请求翻译成对 .mdb（Access 文件后缀）文件或其他数据库的物理操作。它真正读取、写入和修改数据库，并处理所有内部事务，如索引、锁定、安全性和引用完整性。它还包含一个查询处理器，接收并执行 SQL 查询，实现所需的数据操作。另外，它还包含一个结果处理器，用来管理查询所返回的结果。

3. 数据库

数据库是包含数据库表的一个或多个文件。对于本地 VB 或 Access 数据库来说，就是.mdb文件。对于ISAM数据库,它可能是包含.dbf(dBASE文件后缀)文件或其他扩展名的文件。应用程序可能会访问保存在几个不同的数据库文件或格式中的数据。但无论在什么情况下,数据库本质上都是被动的,它存储数据但不对数据作任何操作。数据操作是数据库引擎的任务。

10.2　可视化数据管理器

VB 6.0为用户提供了功能强大的数据库设计工具-可视化数据管理器(VisData,Visual Data Manager),使用这个工具可以生成多种类型的数据库,如 Microsoft Access、dBASE、FoxPro、Paradox和ODBC等。利用可视化数据管理器可以建立数据库表,对建立的数据库表进行添加、删除、编辑、过滤和排序等基本操作以及进行安全性管理和对 SQL 语句进行测试等。

10.2.1　建立数据库

下面以一个学生信息管理数据库为例,介绍可视化数据管理器的主要方法。

1. 确定数据库中各个表的数据结构

学生信息管理主要任务是存储和检索有关学生的详细数据。为了体现关系数据库的特点,需要建立"学生"表、"专业"表和"学院"表。设置"专业"表和"学院"表的目的是减少数据冗余和提高数据独立性。例子中简化了学生数据项,"学生"的字段可以根据需要添加或减少。

二维表体现了对客观数据实体和联系的抽象。"学生"表、"专业"表和"学院"表的数据结构形式如表10.1～表10.3所示,其表结构如表10.4～表10.6所示。

表 10.1　学生信息表

学　号	姓　名	性　别	生　日	专　业　号
20102234	王豪	男	1988-07-08	0101
20101044	韩丹	男	1988-02-04	0101
20103547	张琳	女	1988-09-02	0102
20100102	吴谦	女	1988-05-01	0102
20101356	黄云天	男	1989-03-05	1801
20106647	祝潜	女	1989-04-06	1802

表 10.2　专业信息表

专　业　号	专　业　名　称	学　院　号
0101	市场营销	01
0102	经济学	01
1801	计算机科学与技术	18
1802	网络工程	18

表 10.3　学院信息表

学 院 号	学 院 名 称
01	贸易与行政学院
02	经济管理学院
18	计算机学院

表 10.4　"学生"表结构

字 段 名	字 段 类 型	字 段 大 小	是 否 为 空	主　键	索　引
学号	文本	8	否	√	有(无重复)
姓名	文本	10	否		
性别	文本	2	否		
生日	日期/时间		否		
专业号	文本	4			有(有重复)

表 10.5　"专业"表结构

字 段 名	字 段 类 型	字 段 大 小	是 否 为 空	主　键	索　引
专业号	文本	4	否	√	有(无重复)
专业名称	文本	30	否		
学院号	文本	2	否		有(有重复)

表 10.6　"学院"表结构

字 段 名	字 段 类 型	字 段 大 小	是 否 为 空	主　键	索　引
学院号	文本	2	否	√	有(无重复)
学院名称	文本	30	否		

2. 创建数据库

利用可视化数据库管理创建数据库的步骤如下：

(1) 单击 VB 6.0"外接程序"菜单中的"可视化数据管理器"菜单项,出现如图 10.2 所示的窗口。

(2) 单击可视化数据库管理器窗口中的"文件"菜单下的"新建"菜单项,出现数据库类型选择菜单。单击数据库类型菜单中的 Microsoft Access,将出现版本子菜单,在版本子菜单中选择 Version 7.0 MDB 菜单项。

(3) 选择要创建的数据库类型及版本后,出现新建数据库对话框,如图 10.3 所示。在此对话框中,输入要创建的数据库名"学生信息表"。

(4) 输入数据库名称后,在可视化数据库管理器窗口中出现"数据库窗口"和"SQL 语句"窗口,如图 10.4 所示。"数据库窗口"以树形结构显示数据库中的所有对象,可以单击鼠标右击激活快捷菜单,执行"新建表"、"刷新列表"等菜单项。"SQL 语句"窗口用来执行任何合法的 SQL 语句,并可保存。用户可使用窗口上方的"执行"、"清除"和"保存"按钮对 SQL 语句进行操作。

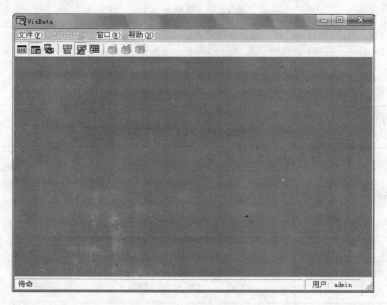

图 10.2 可视化数据管理器窗口

图 10.3 输入数据库文件名

3. 建立数据表

一个数据库中可以包含若干个数据表。在已建立的数据库中添加表的操作步骤如下：

（1）在"数据库窗口"中单击鼠标右击，在快捷菜单中选择"新建表"菜单项便可为数据库添加一个新表。

（2）选择"新建表"后屏幕出现如图 10.5 所示的"表结构"对话框。在这个对话框中，可输入新表的名称并添加字段，也可从表中删除字段，还可以添加或删除作为索引的字段。现在，在"表名称"中输入"学生"作为表名，单击"添加字段"按钮打开如图 10.6 所示"添加字段"对话框，然后添加学号、姓名、性别等 5 个字段。

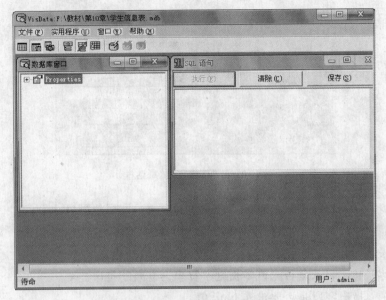

图 10.4　建立数据表窗口

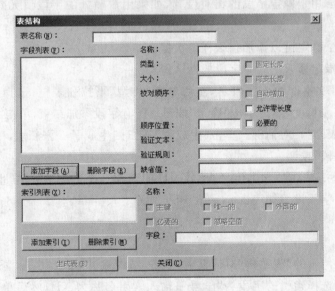

图 10.5　设计表结构

其中：

- 表名称：数据表的名称。
- 名称：字段名称，表名与字段名可以使用汉字，也可以使用英文或汉语拼音，汉字可读性强，但在书写查询命令时不方便，用户可根据具体情况确定。
- 类型：字段的数据类型，包括文本型（Text）、整型（Integer）、长整型（Long）、单精度型（Single）、双精度型（Double）、日期时间型（Date/Time）、货币型（Currency）、布尔

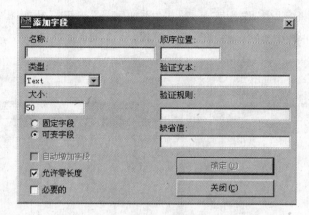

图 10.6　"添加字段"对话框

型(Boolean)、备注型(Memo)、二进制型(Binary)和字节型(Byte)。

- 大小：字段的宽度，一般以字段存放数据的最大宽度为准。
- 固定长度、可变长度：表示字段的长度是否可以变化。
- 允许零长度：表示是否允许零长度字符串为有效字符串。
- 必要的：指出字段是否要求非 Null 值。
- 顺序位置：用于确定字段的相对位置，如果用户输入的字段值无效则显示"验证文本"信息。
- 验证规则：确定可以添加什么样的数据。
- 缺省值：指定插入记录时字段的默认值。

(3) 在"名称"文本框输入字段名，然后单击"类型"下拉列表框，选择所需类型，在"大小"文本框输入字段长度，然后单击"确定"按钮。所有字段添加结束，单击"关闭"按钮，回到图 10.5 所示的"表结构"对话框。单击"生成表"按钮则生成了一张新表。如果需要删除字段可单击"删除字段"按钮。

(4) 根据上述方法，在"学生信息表"数据库中创建 3 个数据表："学生"表、"专业"表、"学院"表，各表的字段设置如表 10.4～表 10.6 所示。

4. 添加索引

在如图 10.5 所示的"表结构"对话框中，单击"添加索引"按钮，出现"添加索引"对话框，如图 10.7 所示。选择索引的字段为"学号"，输入索引名称为 XH，然后单击"确定"按钮即完成了索引的建立过程。

在添加索引窗口中可建立复合索引，即选择"学号"作为第一索引后，还可选择"专业号"为第二索引，以此类推。它们在"索引的字段"列表框中以"；"分隔显示，名称只取一个，并可任意命名。所有索引添加完后，单击"关闭"按钮，回到"表结构"对话框。

完成上述步骤后，在"表结构"对话框中单击"生成表"按钮，就会在"数据库窗口"中出现"学生"表，如图 10.8 所示。

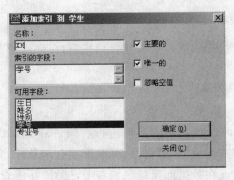

图 10.7　"添加索引"对话框

图 10.8　数据库窗口

5. 数据库维护

数据表建立完成后,可单击表名左边的"＋"号或"－"号展开或折叠相应的信息,右键单击表名在弹出的菜单中选择"设计"命令可重新打开"表结构"对话框,对数据表的字段进行修改、添加和删除等操作。

10.2.2　数据库的基本操作

对数据库中的数据表进行输入、编辑、删除或查找等操作之前,必须先打开数据库。如果数据库已经关闭,可在"可视化数据管理器"中选择"文件"菜单的"打开数据库"命令重新打开。在"数据库窗口"双击需要操作的表名(如专业表),弹出如图 10.9 所示的数据表窗口,在此窗口可以实现对数据表的基本操作。

1. 输入记录

单击"添加"按钮,在弹出的对话框中输入各字段的值,单击"更新"按钮。重复此操作可输入其他记录。

在"数据库窗口"中,如果单击工具栏上的 ▦ 按钮则以单个记录的方式显示,如图 10.9 所示。单击工具栏上的按钮则以网格控件方式显示,如图 10.10 所示。

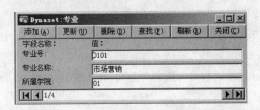

图 10.9　使用 Data 控件显示数据

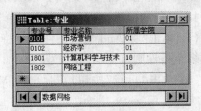

图 10.10　使用 DBGrid 控件显示数据

2. 编辑数据

如果要修改某条记录中的某个字段值,可以先通过滚动条将该记录定位为当前记录,然后修改相应字段的记录内容,单击"更新"按钮即可完成。

3. 删除数据

先通过滚动条将要删除的记录定位为当前记录,然后单击"删除"按钮,在弹出的对话框中单击"是"即可。

4. 查询数据

数据表建立以后,如果表中已有数据,就可以对表中的数据进行有条件或无条件的查询。可视化数据管理器提供了一个图形化的"查询生成器"窗口,可以设置查询条件。

选择"实用程序"菜单下的"查询生成器",或在数据库窗口区域右击,选择"新建查询"命令,即可弹出"查询生成器"对话框,如图 10.11 所示。

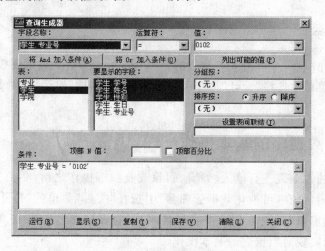

图 10.11 "查询生成器"对话框

例如,查询专业号为 0102 的学生的学号、姓名和性别,可按下述步骤进行:

(1) 在"查询生成器"中选择要查询的数据表,如"学生"表。

(2) 在"要显示的字段"列表框中,选定所需显示的字段:"学生.学号"、"学生.姓名"、"学生.性别"(查询结果显示字段)。选择"升序"单选按钮。

(3) 单击"字段名称"的下拉箭头选择"学生.专业号",在"运算符"列表中选择"=",单击"列出可能的值"按钮,在列表中选择"0102"。

(4) 单击"将 And 加入条件"或"将 or 加入条件"按钮,将条件加入"条件"列表框中,如果有多个条件则重复(3)和(4)步。

(5) 单击"运行"按钮,在弹出的 VisData 对话框中,选择"否",即可看到查询结果,如图 10.12 所示。

(6) 单击"显示"按钮,弹出"SQL 查询"窗口,显示出该查询所对应的 SQL 语句。单击"保存"按钮,在弹出 VisData 对话框中输入查询定义名称 zyh,保存所建立的查询。

(7) 在数据库窗口中,右击 zyh,选择"设计"命令,即可查看该查询所生成的 SQL 语句,如图 10.13 所示。

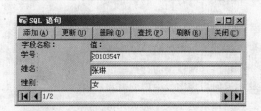

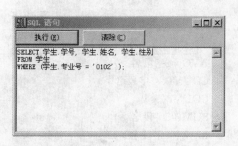

图 10.12 查询结果　　　　　　　　　　图 10.13 查询生成的 SQL 语句

10.2.3 结构化查询语言 SQL

SQL(Structured Query Language)是结构化查询语言的缩写,是一种标准的关系数据库查询语言,用于存取、查询、更新数据,以及管理数据库系统。绝大多数数据库管理系统(Oracle、Sybase、SQL Server、FoxPro、Access)都支持 SQL 语言。

SQL 是高级的非过程化编程语言,允许用户在高层数据结构上工作。它不要求用户指定对数据的存放方法,使得具有不同底层结构的不同的数据库系统,都可用相同的 SQL 语言作为数据输入与管理的接口。它以记录集合为操作对象,所有 SQL 语句接收集合作为输入,返回集合作为输出,这种集合特性允许一条 SQL 语句的输出作为另一条 SQL 语句的输入。即 SQL 语句可以嵌套,这意味着用 SQL 语言可以写出非常复杂的语句,一个 SQL 语句可以实现其他语言需要一大段程序才能完成的功能,所以 SQL 语言具有极大的灵活性和强大的功能。

1. SQL 运算符

SQL 中可以使用逻辑与(AND)、逻辑或(OR)、逻辑非(NOT)3 种逻辑运算符,还可以使用<、<=、=、>、>=、<>、BETWEEN、LIKE、IN 等 9 种比较运算符,其中 BETWEEN、LIKE 和 IN 的使用说明如表 10.7 所示。

表 10.7　比较运算符说明

运　算　符	说　　明
BETWEEN	用法:<字段> BETWEEN <范围始值> AND <范围终值> 功能:判断字段的值是否在指定范围内
LIKE	用法:<字段> LIKE <字符表达式> 功能:在模式匹配中使用,可使用通配符%和_,其中%表示任意多个字符,_表示单个字符。
IN	用法:<字段> IN <结果集合> 功能:字段内容是集合中的某一部分

2. SQL 函数

在 SQL 语句中可以使用统计函数对记录组进行操作,并返回一个计算结果,常用的统计函数及其功能如表 10.8 所示。

表 10.8 SQL 常用函数

函　　　数	功　　　能
AVG(<字段名>)	求指定字段的平均值(一列数据)
COUNT(<字段名>)	计算指定字段的记录个数
COUNT(*)	输出查询输出的行数
SUM(<字段名>)	返回指定字段中值的总和
MAX(<字段名>)	返回指定字段中的最大值
MIN(<字段名>)	返回指定字段中的最小值

3. SQL 语句

SQL 语句对数据表的 4 大常见操作是：查询、添加、删除和修改。由 SELECT，INSERT，DELETE 和 UPDATE 4 个语句实现。

1) SELECT 语句

语句格式：

```
SELECT [ALL|DISTINCT] [<字段名> [AS <显示列名>] [,<字段名>[AS <显示列名>]] … ]
FROM <表名>
[WHERE <条件>]
[GROUP BY <分组字段>]
[ORDER BY <排序字段> [ASC|DESC], … ]
```

功能：从指定的表中选出满足条件的记录，按指定的字段形成结果表。

其中：

- ALL：显示查询的所有记录，默认值。
- DISTINCT：在查询结果中如果有多条相同的记录，只显示其中一条。使用 DISTINCT 可以保证查询结果中每一条记录的唯一性。
- 字段名：指定查询结果中包含的字段名，具体形式为：表名. 字段名，多个字段之间用逗号隔开，如果选择所有字段，只需用 SELECT *。
- 显示列名：自定义标题，它实际是一个字段名。如果查询结果要存入文件中，必须以这个名字定义字段名。例如，将函数的统计结果换成自定义的标题进行显示。
- 表名：指定要查询的数据表，若要指定多个表，各表名之间用逗号隔开。
- 条件：指定查询条件。
- 分组字段：将查询结果分组，并按记录进行统计。按"分组字段"分组，统计字段必须是数字型。
- 排序字段：查询结果按该字段排序显示，默认为 ASC。
- ASC：按升序排序。
- ESC：按降序排序。

根据以下要求写出对学生信息表数据库中数据表进行查询操作的 SQL 语句：

(1) 查询"学生"表中的所有记录信息。

```
SELECT * FROM 学生
```

（2）查询"学生"表中所有男生的学号、姓名和专业号。

```
SELECT 学生.学号,学生.姓名,学生.专业号
FROM 学生
WHERE 学生.性别 = '男'
```

（3）查询市场营销专业所有学生的学号、姓名、性别和专业名称，并按学号升序排序。

```
SELECT 学生.学号,学生.姓名,学生.性别,专业.专业名称
FROM 学生,专业
WHERE 学生.专业号 = 专业.专业号 AND 专业.专业名称 = '市场营销'
ORDER BY 学号
```

（4）查询所有学生的学号、姓名、所在的专业名及学院名。

```
SELECT 学生.学号,学生.姓名,专业.专业名称,学院.学院名称
FROM 学生,专业,学院
WHERE 学生.专业号 = 专业.专业号 AND 专业.学院号 = 学院.学院号
```

（5）在学生表中增加一个"英语"字段，每条学生记录添加英语成绩。查询英语成绩在60分至90分之间的所有学生信息，并按英语成绩降序排序。

```
SELECT * FROM 学生
WHERE 学生.英语 BETWEEN 60 AND 90
ORDER BY 学生.英语 DESC
```

（6）统计英语成绩不及格的学生人数，以及英语平均成绩和最高分。

```
SELECT COUNT( * ) AS 学生人数 FROM 学生 WHERE 学生.英语< 60
SELECT AVG(学生.英语) AS 平均成绩 ,MAX(学生.英语) AS 最高分 FROM 学生
```

（7）在"学生"表中，查询所有学生的学号和姓名，并通过"生日"字段计算出年龄。

```
SELECT 学生.学号,学生.姓名,YEAR(DATE()) – YEAR(学生.生日) AS 年龄 FROM 学生
```

（8）通过"学生"表和"专业"表，按专业计算出各专业的英语平均分。

```
SELECT 专业.专业名称,AVG(学生.英语)AS 英语平均分
FROM 学生,专业
WHERE (学生.专业号 = 专业.专业号)
GROUP BY 专业号
```

（9）查询所有不是市场营销和经济学专业的学生信息。

```
SELECT * FROM 学生 WHERE 专业号 NOT IN('0101', '0102')
```

（10）查询所有姓"王"的学生信息。

```
SELECT * FROM 学生 WHERE 学生.姓名 LIKE '王 % '
```

2）INSERT 插入语句

格式如下：

```
INSERT INTO 表名[(字段名 1[,字段名 2]…)] VALUES (常量 1[,常量 2]…);
```

或者:

```
INSERT INTO 表名[(字段名[,字段名]…)] 子查询
```

功能:把一条新记录插入指定的表中或把子查询的结果插入表中。

例如,把一个新专业记录:专业号"0103"、专业名称"行政管理"、学院号"01",插入到专业表中。

```
INSERT INTO 专业 (专业号,专业名称,学院号) VALUES('0103', '行政管理', '01')
```

例如,把"新专业"表中所有记录添加到"专业"表中。

```
INSERT INTO 专业 SELECT 专业号,专业名称,学院号 FROM  新专业
```

其中:"SELECT 专业号,专业名称,学院号 FROM 新专业"为子查询。

3) UPDATE 修改语句

格式如下:

```
UPDATE 表名 SET 字段 = 表达式[,字段 = 表达式]… [WHERE 条件]
```

功能:修改指定表中满足条件的记录,把这些记录按 SET 子句中的表达式修改相应字段上的值。一次只能更新一个表。

例如,将学生表中所有女生的英语成绩加 10 分。

```
UPDATE 学生 SET 学生.英语 = 学生.英语 + 10 WHERE 性别 = '女'
```

4) DELETE 删除语句

格式如下:

```
DELETE 表名 [WHERE 条件]
```

功能:从指定表中删除满足条件的那些记录。无 WHERE 短语时表示删去表中的全部记录。

例如,在学生表中删除姓名为"王豪"的学生

```
DELETE 学生 WHERE 姓名 = '王豪'
```

例如,删除学生表中所有学生记录。

```
DELETE 学生
```

10.3　数据控件与数据感知控件

VB 使用数据库引擎来访问数据库中数据,其本质是将数据库中相关数据构成一个记录集对象(Recordset)进行操作。在实际应用中,VB 既可以通过代码编程方式建立连接数据库的记录集,也可以通过可视化数据访问控件的形式建立连接数据库的记录集。本书将介绍 Data 和 ADO Data 两种数据控件访问数据库的方法。

10.3.1　Data 控件

Data 控件是 DAO 数据控件的具体体现，是 VB 内部的标准控件。Data 控件通过 MS Jet 数据库引擎来访问 Access 和 FoxPro 等小型数据库，通常用于单机版小型应用软件的开发。

Data 控件不用编写代码就可以访问现存数据库，允许将 VB 的窗体与数据库方便地进行连接，与 Data 控件相连接的数据感知控件自动显示来自当前记录的数据，Data 控件在当前记录上执行所有操作。

如果 Data 控件被指定移动到一个不同的记录，则所有连接的控件自动把当前记录的任何改变传递给 Data 控件以保存在数据库中。Data 控件移动到指定记录的同时，也把当前记录中的数据传回被连接的控件并显示。但要利用数据控件返回数据库中记录的集合，必须通过它的属性进行设置。

1．Data 控件的常用属性

1）Connect 属性

Connect 属性指定 Data 控件所连接的数据库类型，缺省值为 1，VB 默认的数据库是 Access 的 MDB 文件，此外，也可连接 dBASE、Excel 和 ODBC 等类型的数据库。

设置属性：Data1. Connect＝"Access"。

2）DatabaseName 属性

DatabaseName 属性指定具体使用的数据库文件名，包括所有的路径名。如果连接单表数据库，则 DatabaseName 属性设置为数据库文件所在的子目录名，而具体文件名在 RecordSource 属性中设置。

例如：

（1）要连接一个 Microsoft Access 的数据库，D:\学生信息表. mdb，Access 数据库的所有表都包含在一个 MDB 文件中。

设置属性：DatabaseName＝"D:\学生信息表. mdb"。

（2）连接一个 FoxPro 数据库，而 D:\stu_fox. dbf，stu_fox 数据库中只有一个表。

设置属性：DatabaseName＝"D:\ "。

设置属性：RecordSource＝"stu_fox. dbf"。

3）RecordSource 属性

RecordSource 属性指定数据控件所链接的数据来源，数据来源可以是基本表或 SQL 查询的结果集（或记录集），该属性的取值可以是数据表名或 SQL 查询语句。

例如：

（1）指定学生信息表. mdb 数据库中的"学生"表为数据来源。

设置属性：RecordSource＝"学生"。

（2）指定学生表中所有市场营销专业学生的数据为数据来源。

设置属性：RecordSource＝"Select ＊ From 学生 Where 专业号＝'0101' "。

4）RecordType 属性

RecordsetType 属性指定数据控件存放记录集合的类型，包含表类型记录集、动态集类型记录集和快照类型记录集，默认为动态集类型。

- 表类型记录集（Table）：包含实际表中所有记录，这种类型可对记录进行添加、删除、修改、查询等操作。
- 动态集类型记录集（Dynaset）：可以包含来自于一个或多个表中记录的集合，即能从多个表中组合数据，也可只包含所选择的字段。这种类型可以加快运行的速度，但不能自动更新数据。
- 快照类型记录集（Snapshot）：与动态集类型记录集相似，但这种类型的记录集只能读不能更改数据。

5）EofAction 和 BofAction 属性

程序运行时，用户通过单击数据控件的指针按钮可移动记录到开始或结尾，BofAction 属性是指当用户移动到第一条记录时程序将执行的操作，EofAction 指当用户移动到最后一条记录时程序将执行的操作。

BofAcfion 属性：

- 值为 0（默认）：是指将第一条记录作为当前记录。
- 值为 1：是指移过记录集开始位置，定位到一条无效记录，触发 Data 控件对第一条记录的无效事件 Validate。

EofAction 属性：

- 值为 0（默认）：是指将最后一条记录作为当前记录。
- 值为 1：是指移过记录集结束位置，定位到一条无效记录，触发 Data 控件对最后一条记录的无效事件 Validate。
- 值为 2：是指向记录集添加新的空记录，对新记录上进行编辑，移动记录指针，新记录写入数据库。

6）Exclusive 属性

Exclusive 属性用于设置被打开的数据库是否被独占，即是否允许打开的数据库与其他应用程序共享。若 Exclusive 属性设置为 True，表示该数据库被独占，其他应用程序不能访问该数据库；若 Exclusive 属性设置为 False，其他用户可共享打开的数据库。

2. Data 控件的常用方法

1）Refresh 方法

Refresh 方法用来更新数据控件的数据结构。当改变了数据控件的某些属性设置时，使用该方法激活这些变化，从而使设置生效；当 RecordSource 在运行时被改变，必须使用数据控件的 Refresh 方法重新打开一个记录集，从而使应用程序操作的记录集随着 RecordSource 属性的改变而立即变化。在多用户环境下，当其他用户同时访问同一数据库和表时，Refresh 方法将使各用户对数据库的操作有效。

例如，在窗体的 Load 事件中，编程定义 Data1 控件所连接的数据库学生信息表.mdb 和"学生"表。窗体的 Load 事件的源程序如下：

```
Private Sub Form_Load()
    Data1.DatabaseName = "D:\学生信息表.mdb"
    Data1.RecordSource = "学生"
    Data1.Refresh
End Sub
```

2）UpdateControls 方法

UpdateControls 方法将 Data 控件的当前记录值读到绑定控件中。在多用户环境中,其他用户可以更新数据库的当前记录,但相应控件中的值不会自动更新。可以调用该方法将当前记录的值在数据感知控件中显示。当改变了绑定控件中的数据后,使用 UpdateControls 方法可以终止用户对绑定控件内数据的修改,恢复数据为改变前的值。

例如：将代码 Data1.UpdateControts 放在一个命令按钮的 Click 事件中,就可以实现对记录修改的功能。

3）UpdateRecord 方法

当改变了绑定控件内的数据后,数据控件需要移动记录集的指针才能保存修改。如果使用 UpdateRecord 方法,可强制数据控件将绑定控件内的数据写入到数据库中,而不再触发 Validate 事件。

3. Data 控件的常用事件

1）Reposition 事件

Reposition 事件是记录指针改变位置后触发。该事件发生在一条记录成为当前记录后。只要改变记录集的指针,使其从一条记录移到另一条记录,则触发 Reposition 事件。通常利用该事件对当前记录的数据内容进行计算,触发该事件有以下几种情形：

- 单击数据控件的某个按钮,进行记录的移动。
- 使用某些方法：如 Move 方法群组和 Find 方法群组。
- 修改属性而导致记录位置的改变。

2）Validate 事件

当要移动记录指针、修改与删除记录前或卸载含有数据控件的窗体时,会触发 Validate 事件。Validate 事件可用来检查被数据控件绑定的控件内的数据是否发生变化。该事件可用于对修改后的数据进行合法化检查,以取消不正确的操作。

例如：记录指针由一条记录移到另一条记录,或焦点由一个文本框移到另一个文本框时,将会触发 Validate 事件。

该事件过程格式如下：

```
Private Sub Data1_Validate(Action As Integer,Save As Boolean)
```

Validate 事件过程中有两个参数：Save 参数和 Action 参数。它通过 Save 参数（True 或 False）判断是否有数据发生变化,Action 参数是个整型数（具体设置见表 10.9）,用来判断哪一种操作触发了 Validate 事件。

表 10.9 Validate 事件的 Action 参数

系 统 常 量	值	描　　述
vbDataActionCancel	0	Sub 退出时取消操作
vbDataActionMoveFirst	1	MoveFirst 方法
vbDataActionMovePrevious	2	MovePrevious 方法
vbDataActionMoveNext	3	MoveNext 方法
vbDataActionMoveLast	4	MoveLast 方法

系 统 常 量	值	描　　述
vbDataActionAddNew	5	AddNew 方法
vbDataActionUpdate	6	Update 操作
vbDataActionDelete	7	Delete 方法
vbDataActionFind	8	Find 方法
vbDataActionBookmark	9	Bookmark 属性已被设置
vbDataActionClose	10	Close 的方法
vbDataActionUnload	11	窗体正在卸载

例如,在 Validate 事件触发时确定是否修改记录内容,如果不修改则恢复:

```
Private Sub Data1_Validate (Action As Integer, Save As Boolean)
    Dim txt
    If Save = True Then
txt = MsgBox("要保存修改吗?",vbYesNo)
If txt = vbNo Then
    Save = False
    Data1.UpdateControls   '恢复原先内容
End If
    EndIf
End Sub
```

10.3.2　数据感知控件

Data 数据控件本身并不能显示和修改记录集中的数据,必须通过与它关联(绑定)的控件来实现,这种控件称为数据感知控件。

控件箱中的常用控件 PictureBox、Label、TextBox、CheckBox、Image、OLE、ListBox 和 ComboBox 控件都能与 Data 控件进行绑定。

当上述控件与 Data 控件绑定后,VB 将当前记录的字段值赋给控件。如果修改了绑定控件内的数据,只要移动记录指针,修改后的数据会自动写入数据库。数据控件在装入数据库时,它把记录集的第一条记录作为当前记录。当数据控件的 BofAction 属性值设置为 2 时,当记录指针移过记录集结束位置,数据控件会自动向记录集加入新的空记录。

1. 数据感知控件的属性设置

要使数据绑定控件能够显示数据库记录集中的数据,在设计或运行之前,首先要设置该控件的 DataSource 和 DataField 属性:

(1) DataSource 属性:返回或设置一个数据源,通过该数据源,数据绑定控件被连接到一个数据库。

(2) DataField 属性:返回或设置数据绑定控件将被绑定到的字段名。

2. 绑定数据控件的步骤

数据感知控件绑定的过程不需要加入任何程序代码,如与 Data1 控件绑定文本框控件 Text1 的步骤如下:

（1）把数据控件（Data1）置于窗体中，将数据感知控件 TextBox 放置在窗体中并改名为 Text1。

（2）设置 Data1 的 DatabaseName 属性为"D:\学生信息表.Mdb"文件。设置 Data1 的 RecordSource 属性为"学生"表。

（3）设置 Text1 的 DataSource 属性为 Data1，设置 Text1 的 DataField 属性为"学号"字段。这样学号内容就显示在文本框中。

例 10.1 设计一个窗体用以显示"学生信息表.mdb"数据库中"学生"表的内容。

界面设计：5 个文本框 Text1～Text5 分别用来显示"学生"表的学号、姓名、性别、生日、专业号 5 个字段，5 个标签框用来显示信息，1 个 Data 控件 Data1 连接数据库"学生信息表"，界面如图 10.14 所示。

图 10.14 "学生基本信息"窗口

其中：

① 数据控件 Data1 属性设置

Connect 属性指定为 Access 类型。

DatabaseName 属性连接数据库：学生信息表.mdb。

RecordSource 属性设置为"学生"表。

② 5 个文本框控件属性设置

Text1～Text5 的 DataSource 属性设置成 Data1。

Text1～Text5 的 DataField 属性分别选择与其对应的字段：学号、姓名、性别、生日和专业号。

③ 移动记录

使用数据控件对象的 4 个箭头按钮可遍历整个数据表中的记录。单击 Data1 控件上的 ◀按钮可以向前移动一条记录，单击 ▶按钮可以向后移动一条记录，单击 ◀◀按钮记录指针移动到第一条记录，单击 ▶▶按钮记录指针移动到最后一条记录。

④ 修改记录

修改文本框中的内容，会把文本框绑定的各记录字段内容自动修改到数据库中。

程序代码：

```
Private Sub Form_Load()
  Form1.Caption = "学生信息表"
  Data1.Caption = "学生"
  Data1.DatabaseName = "d:\学生信息表.mdb"
  Data1.RecordSource = "学生"
  Data1.Refresh
End Sub
```

10.3.3　记录集的常用属性与方法

在 VB 中,数据库中数据表是不能直接访问的,只能通过记录集(RecordSet)对数据表进行浏览和操作。一个记录集是数据库中的一组记录,可以是数据表(Table)或者查询(Query)。RecordSet 记录集是 Data 控件的一个属性,其本身也是一个功能强大的对象,拥有自己的属性和方法。因此,引用 RecordSet 对象的属性或方法时将出现两级引用。

格式如下:

数据控件对象.RecordSet.属性/方法

例如:引用 Data1 控件 RecordSet 对象的 MoveFirst 方法。

Data1.RecordSet.MoveFirst

1. RecordSet 的常用属性

1) AbsolutePosition 属性

AbsolutePosition 属性用于返回记录集中当前记录的绝对位置。如果当前记录为第一条记录,则该属性为 0。

例如,可用 M＝Data1.Recordset.AbsolutePosition 语句,将 Data1 数据控件记录集中当前记录的记录位置赋值给变量 M。

2) RecordCount 属性

RecordCount 属性是只读属性,用于统计记录集中的记录个数。在多用户环境下,RecordCount 属性值可能不准确,为了保证其准确性,在使用该属性值之前,最好先将记录指针移到记录集中最后一条记录上。

3) BOF 和 EOF 属性

BOF 属性用于判断记录指针是否在首记录之前,若 BOF 为 True,则当前记录指针位于记录集的第一条记录之前。EOF 属性为 True 时,表示当前记录指针位于尾记录之后。

注意:

- 若记录集中无记录,则 BOF 和 EOF 均为 True。
- 当 BOF 或 EOF 的值为 True 后,只有将记录指针移到记录集的某条记录上,其值才会变为 False。
- BOF 或 EOF 的值为 False 时,若记录集中唯一的记录被删除时,它们的值仍保持为 False。
- 当新建或打开一个至少含有一条记录的记录集时,第一条记录为当前记录,BOF 和 EOF 均为 False。

4) Bookmark 属性

Bookmark 属性的值采用字符串类型,用于设置或返回当前指针的标签。在程序中可以使用 Bookmark 属性重定位记录集的指针,但不能使用 AbsolutePostion 属性。

5) NoMatch 属性

在记录集中进行查找时,如果找到相匹配的记录,则 Recordset 的 NoMatch 属性为 False,否则为 True。该属性常与 Bookmark 属性配合使用。

2. RecordSet 的常用方法

1）Move 方法

Move 方法用于移动记录集中的记录指针，Move 方法中又包括下列 4 个具体方法：

- MoveFirst 方法：记录指针移到第一条记录。
- MoveLast 方法：记录指针移到最后一条记录。
- MoveNext 方法：记录指针移到当前记录的下一条记录。
- MovePrevious 方法：记录指针移到当前记录的上一条记录。

当前记录指针在最后一条记录时，若调用 MoveNext 方法会移到记录边界，EOF 的值变为 True。如果再次调用 MoveNext 方法，记录指针移出记录集范围将出现如图 10.15 所示的出错提示。对于 MovePrevious 方法如果前移，也会有同样的结果。因此，在使用 MoveNext 方法时，当 EOF 的值变为 True，就不要再向后移，而要移到最后一条记录。

程序代码如下：

```
Data1.Recordset.MoveNext
If Data1.Recordset.EOF Then
    Data1.Recordset.MoveLast
```

图 10.15　出错提示

2）Find 方法

使用 Find 方法可在指定的 Dynaset 或 Snapshot 类型的 Recordset 对象中查找与指定条件相符的一条记录。如果找到符合条件的记录，则该记录成为当前记录，否则当前位置将设置在记录集的末尾。4 种 Find 方法分别是：

- FindFirst 方法：从记录集的开始查找满足条件的第一条记录。
- FindLast 方法：从记录集的尾部向前查找满足条件的第一条记录。
- FindNext 方法：从当前记录开始查找满足条件的下一条记录。
- FindPrevious 方法：从当前记录开始查找满足条件的上一条记录。

语法格式如下：

数据控件.记录集.Find 方法 搜索条件

其中，"搜索条件"是一个指定字段与常量关系的字符串表达式。

例如：查找专业名称为"经济学"的记录，程序代码如下：

```
Private Sub Command1_Click()
    Data1.Recordset.FindFirst "专业名称 = '经济学'"
    If Data1.Recordset.NoMatch Then
        MsgBox "没有找到此专业"
    Else
        MsgBox Data1.Recordset.Fields("专业名称")
    End If
End Sub
```

3）Seek 方法

Seek 方法适用于数据表类型（Table）记录集，通过一个已被设置为索引（Index）的字段，查找符合条件的记录，并使该记录成为当前记录。语法格式如下：

数据控件.表类型记录集.Seek 比较类型,值 1,值 2…

Seek 允许接受多个参数,第一个是比较运算符(Comparison),Seek 方法中可用的比较运算符有＝、>＝、>、<>、<、<＝等。

在使用 Seek 方法定位记录时,必须通过 Index 属性设置索引。若在记录集中多次使用同样的 Seek 方法(参数相同),那么找到的总是同一条记录。

4) AddNew 方法

AddNew 方法是在记录集中增加新记录。如果要将新增记录添加到数据控件所对应的数据表中,还要对新增记录的字段赋值,并用 Update 方法更新。

在记录集中增加新记录的步骤为:

(1) 调用 AddNew 方法。

(2) 给各字段赋值。赋值格式：Recordset.Fields("字段名")＝值。

(3) 调用 Update 方法,确定所做的添加,将缓冲区内的数据写入数据库。

如果使用 AddNew 方法添加了新的记录,而没有调用 Update 方法就移动到其他记录,或者关闭记录集,输入数据将全部丢失。当调用 Update 方法写入记录后,记录指针自动返回新记录的上一位置,而不显示新记录。为此,使用 Update 方法后,应该调用 MoveLast 方法将记录指针再次移到新记录上。

5) Update 方法

Update 方法可以将记录集中更改或新增的记录保存到记录集对应的数据表中。

6) Delete 方法

Delete 方法用于删除当前记录,在删除后应将当前记录移到下一条记录。

要从记录集中删除记录的操作步骤为:

(1) 定位被删除的记录使之成为当前记录。

(2) 调用 Delete 方法。

(3) 移动记录指针。

在使用 Delete 方法时,当前记录立即删除,不加任何的警告或者提示。删除一条记录后,被数据库所约束的绑定控件仍旧显示该记录的内容。因此,必须移动记录指针刷新绑定控件,一般采用移至下一记录的处理方法。

7) Edit 方法

Edit 方法用于对要更新的当前记录进行编辑修改。数据控件自动提供了修改现有记录的能力,当直接改变被数据库所约束的绑定控件的内容后,需单击数据控件对象的任一箭头按钮来改变当前记录,确定所做的修改。也可通过程序代码来修改记录,使用程序代码修改当前记录的步骤为:

(1) 定位要修改的记录使之成为当前记录。

(2) 调用 Edit 方法。

(3) 给各字段赋值。

(4) 调用 Update 方法,确定所做的修改。

如果要放弃对数据的所有修改,可用 Refresh 方法,重读数据库,由于没有调用 Update 方法,数据的修改没有写入数据库,所以这样的记录会在刷新记录集时丢失。

8) Close 方法

Close 方法用于关闭记录集,使用 Close 方法关闭 Recordset 对象的同时,将释放相关联的数据和可能已经通过该特定 Recordset 对象对数据进行的独立访问。

例 10.2 在例 10.1 的基础上,窗体上增加 9 个命令按钮,并通过按钮实现记录的移动、增加、删除、修改、查找等操作。

界面设计:通过对 4 个命令按钮的编程代替对数据控件对象的 4 个箭头按钮的操作,其中 Command1~Command4 分别实现将记录集的记录移动到首记录、前一条、下一条和末记录的功能;Command5~Command8 分别实现对记录集的记录进行增加、删除、修改和查找的功能。将数据控件的 Visible 属性设置为 False,如图 10.16 所示。

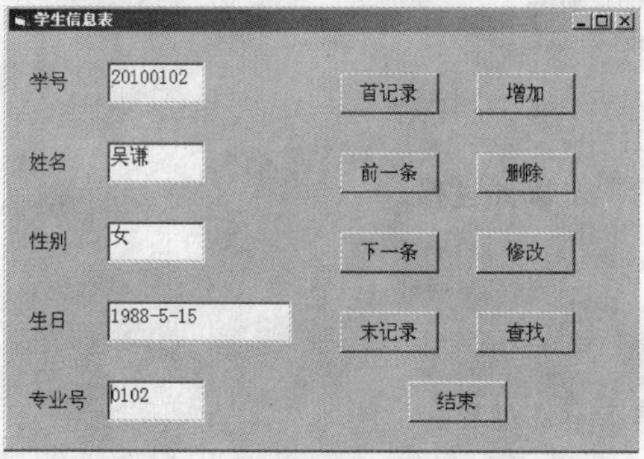

图 10.16　例 10.2 程序运行界面

程序代码如下:

(1) 初始化数据库信息。

```
Private Sub Form_Load()
  Dim N As String
  N = App.Path                              '获取当前路径
  If Right(N, 1)<>"\"  Then N = N + "\"
  Data1.DatabaseName = N + "学生信息表.mdb"    '连接数据库
  Data1.RecordSource = "学生"                 '构成记录集对象
  Data1.Refresh                              '激活数据控件
End Sub
```

(2) 利用 Data1_Validate 事件过滤无效记录。

```
Private Sub Data1_Validate(Action As Integer, Save As Integer)
  If Text1.Text = "" And (Action = 6 Or Text1.DataChanged) Then
    MsgBox "数据不完整,必须要有学号!"
    Data1.UpdateControls                    '读回原数据
  End If
End Sub
```

(3) "首记录"按钮的单击事件过程。

```
Private Sub Command1_Click()
  Data1.Recordset.MoveFirst
End Sub
```

(4) "前一条"按钮的单击事件过程。

```
Private Sub Command2_Click()
  Data1.Recordset.MovePrevious
```

```
   If Data1.Recordset.BOF Then
     Data1.Recordset.MoveFirst
   End If
End Sub
```

（5）"下一条"按钮的单击事件过程。

```
Private Sub Command3_Click()
   Data1.Recordset.MoveNext
   If Data1.Recordset.EOF Then
     Data1.Recordset.MoveLast
   End If
End Sub
```

（6）"末记录"按钮的单击事件过程。

```
Private Sub Command4_Click()
   Data1.Recordset.MoveLast
End Sub
```

（7）"增加"按钮的单击事件过程。

```
Private Sub Command5_Click()
   Command1.Enabled = Not Command1.Enabled
   Command2.Enabled = Not Command2.Enabled
   Command3.Enabled = Not Command3.Enabled
   Command4.Enabled = Not Command4.Enabled
   Command6.Enabled = Not Command6.Enabled
   Command7.Enabled = Not Command7.Enabled
   Command8.Enabled = Not Command8.Enabled
   Command9.Enabled = Not Command9.Enabled
   If Command5.Caption = "增加" Then
     Command5.Caption = "确认"
     Data1.Recordset.AddNew
     Text1.SetFocus
   Else
     Command5.Caption = "增加"
     Data1.Recordset.Update
     Data1.Recordset.MoveLast
   End If
End Sub
```

（8）"删除"按钮的单击事件过程。

```
Private Sub Command6_Click()
   Dim msg
   msg = MsgBox("确认要删除本记录吗?", vbYesNo, "删除纪录")
   If msg = vbYes Then
     Data1.Recordset.Delete
     Data1.Recordset.MoveNext
     If Data1.Recordset.EOF Then
       Data1.Recordset.MoveLast
     End If
   End If
End Sub
```

（9）"修改"按钮的单击事件过程。

```
Private Sub Command7_Click()
  Command1.Enabled = Not Command1.Enabled
  Command2.Enabled = Not Command2.Enabled
  Command3.Enabled = Not Command3.Enabled
  Command4.Enabled = Not Command4.Enabled
  Command5.Enabled = Not Command5.Enabled
  Command6.Enabled = Not Command6.Enabled
  Command8.Enabled = Not Command8.Enabled
  Command9.Enabled = Not Command9.Enabled
  If Command7.Caption = "修改" Then
    Command7.Caption = "确认"
    Data1.Recordset.Edit
    Text1.SetFocus
  Else
    Command7.Caption = "修改"
    Data1.Recordset.Update
  End If
End Sub
```

（10）"查找"按钮的单击事件过程。

```
Private Sub Command8_Click()
  Dim XM As String
  XM = InputBox$("请输入学生姓名","查找窗口")
  Data1.RecordSource = "Select * From 学生 Where 姓名 = '" & XM & "'"
  Data1.Refresh
  If Data1.Recordset.EOF Then
    MsgBox "查找结果无此学生!",,"提示"
    Data1.RecordSource = "学生"
    Data1.Refresh
  End If
End Sub
```

（11）"结束"按钮的单击事件过程。

```
Private Sub Command9_Click()
  End
End Sub
```

10.4 ADO 数据控件

ADO（ActiveX Data Object）数据访问接口是 Microsoft 处理数据库信息的最新技术。它是一种 ActiveX 对象，采用了被称为 OLE DB 的数据访问模式，是数据访问对象 DAO、远程数据对象 RDO 和开放数据库互连 ODBC 3 种方式的扩展。

ADO 控件不是 VB 的标准控件，必须通过 VB 系统的"工程"菜单中的"部件"命令，选择 Microsoft ADO Data Control 6.0（OLE DB）选项，将 ADO 控件添加到工具箱中才能使用。ADO 数据控件与 VB 的内部控件很相似，用户可利用设置控件的属性快速地创建与数据库的连接。

10.4.1　ADO 控件的使用

1．ADO 控件的常用属性

1) ConnectionString 属性

ADO 控件没有 DatabaseName 属性,它使用 ConnectionString 属性将 ADO 控件连接到一个指定的数据库,但不指定数据表。ConnectionString 属性连接数据库的方法有 3 种:使用 DataLink 文件、使用 ODBC 数据资源名称、使用连接字符串。

- 使用 DataLink 文件:指定一个连接到数据源的自定义连接字符串。
- 使用 ODBC 数据资源名称:使用一个系统定义的数据资源名称(.dsn),创建 ODBC 数据连接即开放式数据库连接。
- 使用连接字符串:定义一个到数据源的连接字符串。

ConnectionString 属性包含一系列由分号分隔的“参数＝值”语句组成的连接字符串,用来建立连接到指定数据源的详细信息。ConnectionString 属性的参数说明见表 10.10。

表 10.10　ConnectionString 属性的参数说明

参　　数	说　　明
Provide	指定数据源的名称
File Name	指定数据源所对应的文件名
Remote Provide	在远程数据服务器打开一个客户端时所用的数据源名称
Remote Server	在远程数据服务器打开一个主机端时所用的数据源名称

ConnectionString 属性的具体设置步骤如下所述:

(1) 在窗体上放置 ADO 数据控件,控件名默认名为 Adodc1。

(2) 单击 ADO 控件属性窗口中 ConnectionString 属性右边的“…”按钮,弹出如图 10.17 所示的“属性页”对话框。

(3) 选中“使用连接字符串”单选按钮,然后单击“生成”按钮,打开如图 10.18 所示的“数据链接属性”对话框;在“提供程序”选项卡内选择一个合适的 OLE DB 数据源,学生信息表.mdb 属于 Access 数据库,则选择 Microsoft Jet 3.51 OLE DB Provider 选项。

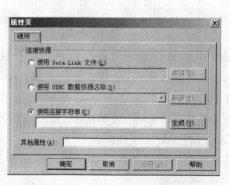

图 10.17　ConnectionString“属性页”　　　　图 10.18　“数据链接属性”对话框

（4）单击"下一步"按钮或打开"连接"选项卡，如图 10.19 所示，在对话框内指定数据库文件 D:\学生信息表.mdb。为保证连接有效，可单击"测试连接"按钮，如果测试成功则单击"确定"按钮返回。

2) RecordSource 属性

RecordSource 属性用于确定数据源，这些数据构成记录集对象 Recordset。该属性值可是数据库中的单个表名，一个存储查询，还可以是 SQL 查询语言的一个查询字符串。

如果属性值为数据库中的表，RecordSource 属性的设置步骤如下：

（1）单击 ADO 控件属性窗口中的 RecordSource 属性右边的"…"按钮，弹出如图 10.20 所示的记录源"属性页"对话框。

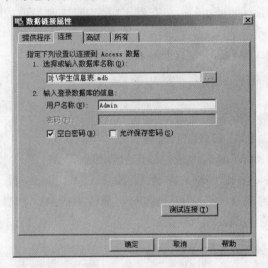

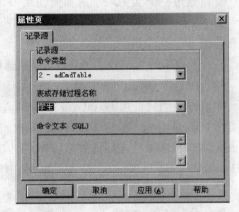

图 10.19　"连接"选项卡　　　　　　图 10.20　记录源"属性页"

（2）在"命令类型"框中选择 2-adCmdTable 选项，在"表或存储过程名称"框中选择"学生"表，关闭记录源"属性页"。

如果 RecordSource 属性是 SQL 查询字符串，RecordSource 属性的设置步骤为：

（1）打开记录源"属性页"对话框，在"命令类型"框中选择 1-adCmdText 选项；

（2）在"命令文本"框中输入 SQL 查询语句：Select * From 学生 Where 专业号='0101'。

注意：一个 ADO 数据控件可以根据需要多次用编程语言确定所连接数据库中的数据，以满足对数据库中不同数据的需求。在确定了新的连接数据后，原数据会自动消失。

2．ADO 控件的主要方法

ADO 控件有许多方法，基本上与 Data 控件的方法一样。这里主要介绍 Refresh 方法，该方法用于激活或刷新 ADO 控件中的数据，如果数据控件在设计时没有对控件的有关属性全部赋值，或当程序运行时 RecordSource 被重新设置，必须用 Refresh 方法激活这些变化。

10.4.2　ActiveX 数据感知控件

随着 ADO 对象模型的引入，VB 除了以往一些与 Data 控件的绑定控件外，又新增了一些与 ADO 控件的绑定控件来连接不同数据类型的数据。这些新增绑定控件主要有 DataGrid、DataCombo、DataList、DataReport、MSHFlexGrid、MSChart 和 MonthView 等控件。本章主要介绍 DataGrid 数据网格控件的使用方法。

DataGrid 控件是一种类似于电子数据表的绑定控件,可以以若干行和列的形式来显示 Recordset 对象的记录和字段。还可使用 DataGrid 来创建一个数据库的应用程序。

DataGrid 控件可以在设计时快速进行配置,只需少量代码或无须代码。当设计时设置了 DataGrid 控件的 DataSource 属性,就会用数据源的记录集来自动填充该控件,以及自动设置该控件的列标头。然后编辑该网格的列:删除、重新安排、添加列标头或者调整任意一列的宽度等。

DataGrid 控件在运行时,可在程序中切换 DataSource 来查看不同表,或修改当前数据库的查询,以返回一个不同的记录集合。

下面通过一个实例来了解如何使用 DataGrid 控件对数据库表和查询的浏览与编辑。

例 10.3 设计一个窗体,利用 DataGrid 控件显示对"学生信息表. MDB"数据库中各表的查询结果。要求如下:

(1) 查询条件为按姓名查询、按专业查询或按学院查询。

(2) 在 DataGrid 控件中显示的字段有学号、姓名、性别、专业名称和学院名称。

在窗体上创建使用 DataGrid 控件与 ADO Data 控件进行绑定的步骤如下:

(1) 在窗体上放置 ADO 数据控件,并按 ADO 控件设置属性的步骤,设置 ConnectionString 属性连接到数据库"学生信息表. mdb"。RecordSource 属性中的命令类型选择 1-adCmdText 选项。在"命令文本"框中输入 SQL 语句:

```
Select 学生.学号,学生.姓名,学生.性别,专业.专业名称,学院.学院名称
From 学生,专业,学院
Where 学生.专业号 = 专业.专业号 And 专业.学院号 = 学院.学院号
```

(2) 在窗体上放置 DataGrid 控件(先将 DataGrid 控件添加到工具箱)。设置 DataGrid 网格控件的 DataSource 属性为 Adodc1,将 DataGrid1 绑定到数据控件 Adodc1 上。

(3) 右击单击 DataGrid 控件,在弹出的快捷菜单中选择"检索字段"选项,弹出"检索字段"对话框,提示"是否要以新的字段定义替换现有的网格布局",单击"是"按钮即可将表中的字段装载到 DataGrid 控件中。

(4) 右击单击 DataGrid 控件,在弹出的快捷菜单中选择"编辑"选项,进入数据网格字段布局的编辑状态,如图 10.21 所示。

当鼠标指在字段名上时,鼠标指针变成黑色向下箭头。用鼠标右击单击需要修改的字段名,在弹出的快捷菜单中选择"删除"选项,即可从 DataGrid 控件中删除该字段。

通过 DataGrid 控件的"属性页",可以选择对控件的操作,如添加、删除和更新等,还可设置显示字段的标题、宽度、字体和颜色等。

界面设计步骤如下:

设置窗体 Form1 的 Caption 属性为"查询窗体",在窗体上放置 ADO 控件和 DataGrid 控件,ADO 控件的 Visible 属性为 False;添加 3 个单选按钮 Option1~Option3,Caption 属性分别为"按姓名查询"、"按专业查询"和"按学院查询";添加 3 个文本框 Text1~Text3,Text 属性为空;添加 3 个按钮 Command1~Command3,Caption 属性分别为"确定"、"取

消"和"结束"。程序运行界面如图 10.22 所示。

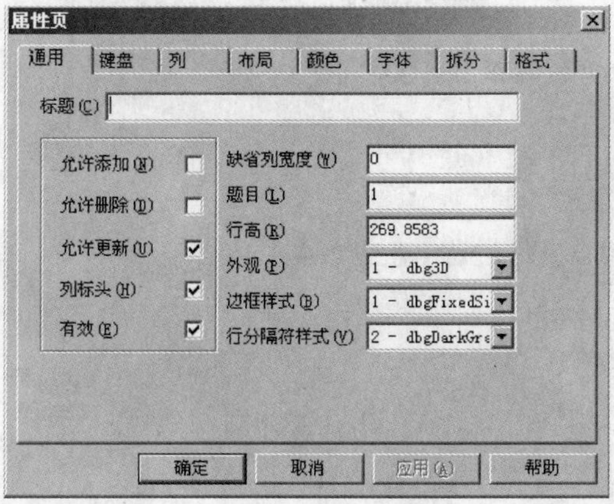

图 10.21　DataGrid 控件"属性页"

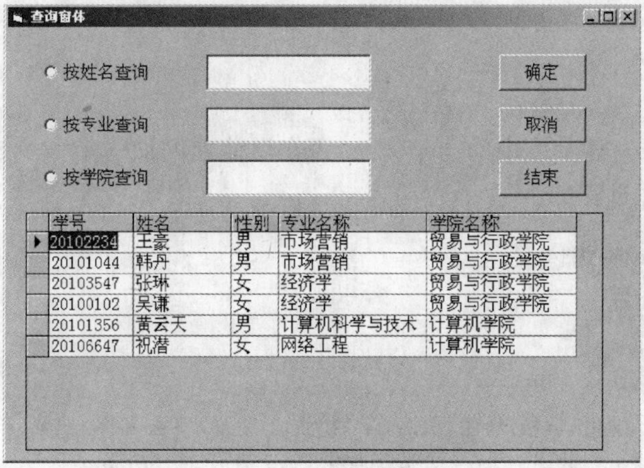

图 10.22　例 10.3 程序界面

程序代码如下：

（1）"确定"按钮的单击事件过程，选中单选按钮，输入对应条件，显示查询结果。

```
Private Sub Command1_Click()
  Dim MSQL As String
  Dim Zd As String, Tj As String          'Zd 和 Tj 表示 Select 语句中的字符串
  Zd = "学生.学号,学生.姓名,学生.性别,专业.专业名称,学院.学院名称 From 学生,专业,学院 "
  Tj = "学生.专业号=专业.专业号 And 专业.学院号=学院.学院号"
  If Text1.Text = "" And Text2.Text = "" And Text3.Text = "" Then
    MsgBox "请输入查询条件"
    Option1.Value = True
  Else
    If Option1.Value = True Then
      MSQL = "Select " + Zd + "Where " + Tj + " And 学生.姓名 = '" + Text1.Text + "'"
    ElseIf Option2.Value = True Then
      MSQL = "Select " + Zd + "Where " + Tj + " And 专业.专业名称 = '" + Text2.Text + "'"
```

```
        Else
          MSQL = "Select " + Zd + "Where " + Tj + " And 学院.学院名称 = '" + Text3.Text + "'"
        End If
        Adodc1.RecordSource = MSQL
        Adodc1.Refresh
      End If
End Sub
```

（2）"取消"按钮的单击事件过程，清空文本框内容。

```
Private Sub Command2_Click()
  Text1.Text = ""
  Text2.Text = ""
  Text3.Text = ""
  Option1.SetFocus
End Sub
```

（3）"结束"按钮的单击事件过程。

```
Private Sub Command3_Click()
 End
End Sub
```

（4）如果需要查询显示表中的全部信息，可在窗体上增加一个命令按钮 Command4，编写该按钮的单击事件过程如下：

```
Private Sub Command4_Click()
  Dim MSQL As String
  Text1.Text = ""
  Text2.Text = ""
  Text3.Text = ""
  MSQL = "Select 学生.学号,学生.姓名,学生.性别,专业.专业名称,学院.学院名称 From 学生,专
业,学院 Where 学生.专业号 = 专业.专业号 And 专业.学院号 = 学院.学院号"
  Adodc1.RecordSource = MSQL
  Adodc1.Refresh
End Sub


Private Sub Option1_Click()
    Text2.Text = ""
    Text3.Text = ""
End Sub


Private Sub Option2_Click()
      Text1.Text = ""
      Text3.Text = ""
End Sub


Private Sub Option3_Click()
      Text1.Text = ""
      Text2.Text = ""
End Sub
```

```
Private Sub Text1_Change()
    Option1.Value = True
End Sub

Private Sub Text2_Change()
    Option2.Value = True
End Sub

Private Sub Text3_Change()
    Option3.Value = True
End Sub
```

习题 10

10.1 思考题

1. 要实现数据控件对数据库的操作，必须设置哪些相关属性？

2. 记录、字段、表与数据库之间的关系式什么？

3. VB 中记录集有哪几种类型？有何区别？

4. 简述将 ADO 控件连接到数据源的步骤。

5. 如何使用数据库管理器建立或者修改数据库？

6. 怎样使绑定控件能被数据库约束？

10.2 选择题

1. 对数据库进行增加、删除、修改操作后必须使用_____方法确认操作。

A. Refresh   B. UpdateControls   C. Update   D. UpdateRecord

2. 在记录集中进行查找，如果找不到相匹配的记录，则记录定位在_____。

A. 首记录之前   B. 末记录之后   C. 查找开始处   D. 随机位置

3. 下列关键字中，_____是 SELECT 语句中不可缺少的。

A. SELECT、FROM   B. SELECT、WHERE

C. SELECT、GROUP BY   D. SELECT、ORDER BY

4. 下列关于索引的说法，错误的是_____。

A. 一个表可以建立一个到多个索引

B. 每个表至少要建立一个索引

C. 索引字段可以是多个字段的组合

D. 利用索引可以加快查找速度

5. Seek 方法适用于在_____类型的记录集中查找符合条件的记录。

A. 动态集   B. 快照   C. 表   D. 任意

6. 通过设置 Adodc 控件的_____属性可以建立该控件到数据源的连接信息。

A. RecordSource   B. RecordSet

C. ConnectionString   D. DataBase

7. 不能对数据库记录集定位的方法是_____。

A. BOF 和 EOF 属性   B. Move 方法

C. Find 方法   D. Seek 方法

8. 在使用 Delete 方法删除当前记录后,记录指针位于_____。

A. 被删除记录上   B. 被删除记录的上一条

C. 被删除记录的下一条   D. 记录集的第一条

10.3 填空题

1. 数据控件通过它的 3 个基本属性:_____、_____和_____设置来访问数据资源。

2. Visual Basic 数据库应用程序包含的 3 部分是_____、_____和_____。

3. 要设置记录集的当前指针,则需通过设置_____属性。

4. 根据数据模型,数据库可分为_____、_____和_____。

5. 要使数据绑定控件能够显示数据库记录集中的数据,首先要设置该控件的_____属性和_____属性。

6. 要连接单表数据库,则设置数据库文件所在的子目录名要通过设置_____属性,而具体文件名在_____属性中设置

7. 若_____属性为 True,则当前记录指针位于记录集的第一条记录之前。_____属性为 True 时,表示当前记录指针位于尾记录之后。

10.4 程序设计题

使用可视化数据库管理器建立一个 Access 数据库 Mydb. mdb,内含表 Student,其结构如表 10.11 所示。

表 10.11 student 表结构

名 称	类 型	大 小
姓名	Text	10
年龄	Integer	
电话	Text	8
数学	Single	
英语	Single	
计算机	Single	

设计一个窗体,编写程序浏览学生基本信息,能够查询学生的详细信息。

参 考 文 献

[1] 罗朝盛.Visual Basic 6.0 程序设计教程(第三版).北京:人民邮电出版社,2009.

[2] 郑阿奇,曹弋.Visual Basic 教程.北京:清华大学出版社,2005.

[3] 唐大仕.Visual Basic 程序设计.北京:清华大学出版社,2003.

[4] 曹青,邱李华,郭志强.Visual Basic 程序设计教程.北京:机械工业出版社,2002.

[5] 龚沛曾,杨志强,陆慰民.Visual Basic 程序设计教程.北京:高等教育出版社,2007.

[6] 王天华,万缨.Visual Basic 程序设计实用教程.北京:清华大学出版社,2006.

21 世纪高等学校数字媒体专业规划教材

以上教材样书可以免费赠送给授课教师,如果需要,请发电子邮件与我们联系。

教学资源支持

敬爱的教师:

感谢您一直以来对清华版计算机教材的支持和爱护。为了配合本课程的教学需要,本教材配有配套的电子教案(素材),有需求的教师可以与我们联系,我们将向使用本教材进行教学的教师免费赠送电子教案(素材),希望有助于教学活动的开展。

相关信息请拨打电话 010-62776969 或发送电子邮件至 weijj@tup.tsinghua.edu.cn 咨询,也可以到清华大学出版社主页(http://www.tup.com.cn 或 http://www.tup.tsinghua.edu.cn)上查询和下载。

如果您在使用本教材的过程中遇到了什么问题,或者有相关教材出版计划,也请您发邮件或来信告诉我们,以便我们更好地为您服务。

地址:北京市海淀区双清路学研大厦 A 座 708   计算机与信息分社魏江江 收

邮编:100084   电子邮件:weijj@tup.tsinghua.edu.cn

电话:010-62770175-4604   邮购电话:010-62786544

《网页设计与制作》目录

ISBN 978-7-302-17453-0　　蔡立燕　梁　芳　主编

图书简介：

　　Dreamweaver 8、Fireworks 8 和 Flash 8 是 Macromedia 公司为网页制作人员研制的新一代网页设计软件，被称为网页制作"三剑客"。它们在专业网页制作、网页图形处理、矢量动画以及 Web 编程等领域中占有十分重要的地位。

　　本书共 11 章，从基础网络知识出发，从网站规划开始，重点介绍了使用"网页三剑客"制作网页的方法。内容包括了网页设计基础、HTML 语言基础、使用 Dreamweaver 8 管理站点和制作网页、使用 Fireworks 8 处理网页图像、使用 Flash 8 制作动画、动态交互式网页的制作，以及网站制作的综合应用。

　　本书遵循循序渐进的原则，通过实例结合基础知识讲解的方法介绍了网页设计与制作的基础知识和基本操作技能，在每章的后面都提供了配套的习题。

　　为了方便教学和读者上机操作练习，作者还编写了《网页设计与制作实践教程》一书，作为与本书配套的实验教材。另外，还有与本书配套的电子课件，供教师教学参考。

　　本书适合应用型本科院校、高职高专院校作为教材使用，也可作为自学网页制作技术的教材使用。

目　　录：